Limbic® Sales

Spitzenverkäufe durch Emotionen

Helmut Seßler

Haufe Mediengruppe
Freiburg · Berlin · München

Bibliografische Information der Deutschen Nationalbibliothek

Die Deutsche Nationalbibliothek verzeichnet diese Publikation in der Deutschen Nationalbibliografie; detaillierte bibliografische Daten sind im Internet über http://www.d-nb.de abrufbar.

ISBN: 978-3-648-01411-0   Bestell-Nr. 00049-0001

1. Auflage 2011

© 2011, Haufe-Lexware GmbH & Co. KG, Munzinger Straße 9, 79111 Freiburg

Redaktionsanschrift: Fraunhoferstraße 5, 82152 Planegg/München
Telefon: (089) 895 17-0
Telefax: (089) 895 17-290
www.haufe.de
online@haufe.de
Produktmanagement: Dr. Leyla Sedghi

Redaktion: Ulrike Wachter-Eberle
Desktop-Publishing: Peter Böke, 10825 Berlin
Umschlag: Grafikhaus, 80469 München
Druck: Schätzl Druck, 86609 Donauwörth

Zur Herstellung dieses Buches wurde alterungsbeständiges Papier verwendet.

3 Antworten, die das Buch gibt

1 *Worin unterscheidet sich Limbic Sales vom bisherigen Verkaufen?*

Wissenschaftliche Studien aus der Gehirnforschung zeigen, wann, wie und warum Menschen Entscheidungen treffen – auch Kaufentscheidungen. Im Verkauf gilt es, solche zukunftsweisenden Erkenntnisse in die Praxis zu integrieren. Limbic® Sales revolutioniert traditionelles Verkaufen, weil es die Rolle der Emotionen von Kunden und Verkäufern für den Verkaufserfolg berücksichtigt.

2 *Was bringen die neuen Erkenntnisse der Gehirnforschung im Verkauf?*

Kaufentscheidungen fallen nicht aus rationalen Gründen – auch wenn der Kunde das glaubt. Sie werden aufgrund von Emotionen getroffen. Lesen Sie, wie Sie mit erstaunlicher Sicherheit erkennen, welche Emotionen jeder einzelne Kunde hat. Lernen Sie, wie Sie Ihr Verkaufsgespräch emotionalisieren, um die kaufauslösenden „Knöpfe" Ihres Kunden zu aktivieren.

3 *Wie können diese wissenschaftlichen Theorien einfach und verständlich in die tägliche Verkaufspraxis integriert werden?*

Jeder Mensch tickt unterschiedlich – kurz: Jeder hat ein individuelles emotionales Profil. Sie erfahren, wie Sie die Persönlichkeitsstruktur und das Emotionssystem jedes einzelnen Kunden erkennen und welchen konkreten Einfluss dies auf Ihr Verkaufsgespräch hat.
Praxisbezogene Beispiele und Übungen erleichtern den Transfer in die tägliche Verkaufsarbeit.

Inhaltsverzeichnis

Vorwort von Dr. Hans-Georg Häusel

Innerhalb weniger Jahre hat sich der Limbic®-Ansatz als feste Größe in der Marketing- und Vertriebspraxis entwickelt. Dieser enorme Erfolg hat drei Gründe:

- Seine einzigartige wissenschaftliche Fundierung: www.nymphenburg.de
- Seine vielfältigen Einsatzmöglichkeiten von der Markenpositionierung, über die Produktoptimierung bis zum Verkaufsgespräch.
- Seine einfache Verständlichkeit für den Praktiker.

Aber: Ein gutes Konzept lässt sich wie ein gutes Serien-Auto noch erheblich veredeln, wenn sich ein professioneller und erfahrener Tuner seiner annimmt. In puncto Vertriebs- und Verkaufstraining gibt es nur wenige, die die Erfahrung und den Erfolg von Helmut Seßler vorweisen können. Er hat nicht nur viele deutsche Trainingspreise gewonnen – er gibt dieses profunde Wissen in seinem INtem-Trainernetzwerk an mehr als hundert erfolgreiche Trainer im deutschsprachigen Raum weiter.

Es hat mich deshalb sehr gefreut, als Helmut Seßler vor einiger Zeit Limbic® für seine Arbeit und seine Trainerausbildung entdeckte und alsbald Kooperationspartner wurde. Seine Begeisterung für Limbic® kombiniert er heute mit seinem einzigartigen Praxiswissen: Das Ergebnis dieses besonderen Tunings liegt nun in Form dieses Buches vor. Ich habe es gelesen und bin begeistert. Ich bin sicher, dass auch Sie, lieber Leser, in diesem Buch nicht nur viele Ahas erleben werden, sondern zudem einen professionellen Werkzeugkasten an die Hand bekommen, der Ihnen hilft, im Verkauf noch erfolgreicher zu werden. Ich wünsche Ihnen viel Spaß beim Lesen.

Herzlichst

Ihr
Hans-Georg Häusel

Einleitung

Kennen Sie Eckart von Hirschhausen, den Arzt, Comedian und Bestsellerautor? Er pflegt sein Publikum zuweilen so zu empfangen: Er betritt die Bühne, lächelt verschmitzt, holt ein graues Etwas hervor und sagt: „Ich habe Ihnen heut mal ein Gehirn mitgebracht!" Alle Zuschauer schauen interessiert auf die Gehirnnachbildung in seinen Händen. Lächelnd fährt er fort: „Ich hoffe, Sie auch!"

Haben auch Sie Ihr Gehirn auf „Empfang gestellt"? Das wäre gut, denn in diesem Buch geht es ums Gehirn, um Ihr Gehirn und das Ihrer Kunden.

Die entscheidende Frage ist: Verfügen Sie für Ihr Gehirn über eine Gebrauchsanleitung – und zwar eine verständliche und überdies eine, die es Ihnen gestattet, die Potenziale Ihres Denkapparats optimal auszuschöpfen? Um diese Frage geht es in diesem Buch.

In unserem Hightech-Computer arbeiten ca. 100 Milliarden Nervenzellen, die unser Verhalten steuern, unsere Entscheidungen beeinflussen und nicht zuletzt unser Überleben koordinieren – und das meiste geschieht unbewusst, ohne unser bewusstes Zutun!

Die gute Nachricht ist, dass die moderne Hirnforschung diesen Geheimnissen auf den Grund geht. Modernste Methoden erlauben es mittlerweile immer mehr, diese komplexen Abläufe im Gehirn zu entschlüsseln und brauchbare Erklärungen zu liefern. Ärzte vollbringen heute dank dieser Erkenntnisse schon kleine und manchmal auch große Wunder. Aber wie sieht es mit uns „Normalos" aus? Täglich steuern wir unser Leben mit dieser Denkmaschine, oder vielleicht steuern nicht wir sie, sondern wir werden von ihr gesteuert?

Viele Fragen sind offen und werden auch in Zukunft noch erforscht werden müssen. Dennoch gibt es seit Mitte der 1990er Jahre viele neue, sogar revolutionäre Erkenntnisse, die unser Verhalten in einem neuen Licht erscheinen lassen.

In diesem Buch interessieren uns besonders das Verhalten und die Denkprozesse der Käufer, unserer Kunden und möglicher Interessenten. Was müssen wir unternehmen, um diese Menschen im Verkauf noch besser zu erreichen? Wie können wir die Ebene des Verkaufens verlassen und unsere Gegenüber zum Einkaufen bewegen, uns also als ihre Einkaufsbegleiter positionieren? Wie gelingt es uns, das Einkaufen als Einkaufserlebnis zu gestalten, es zu einem emotionalen Freudenfeuerwerk zu entwickeln?

Wie oft hat Dieter Bohlen in seinen Casting-Shows gesagt: „Es war gut vorgetragen – aber es hat mich nicht berührt." Das ist der entscheidende Punkt im Verkauf: Wie können wir unsere Kaufinteressenten emotional berühren, begeistern oder gar faszinieren? Das Neuromarketing gibt uns hier interessante Forschungsergebnisse an die Hand – Hebel, mit denen wir schnell und zielgerichtet mögliche Emotionssysteme erkennen und bedienen können. Sie helfen uns, unseren Verkaufsalltag zu erleichtern und zu optimieren.

Schon immer haben gute Verkäufer diese emotionale Verbindung zum Kunden aufgebaut und den wertvollen Nutzen aufgezeigt, den die Menschen zum Beispiel durch den Kauf eines Produkts erwerben. Dies geschah oft über das gute alte Bauchgefühl. Aber auch diese Top-Verkäufer waren enttäuscht, dass das, was bei einem Kunden gut funktionierte, bei manch anderem nicht zum Erfolg führte. Sie konnten sich nicht erklären, wie es zu diesen Diskrepanzen kam. Denn es gab bisher keine wissenschaftlich fundierten Erkenntnisse, wie Emotionen – oder besser: Emotionssysteme – funktionieren. Mittlerweile hat die Hirnforschung diese Emotionssysteme erforscht und diese Erkenntnisse im Bereich Neuromarketing für unsere Zwecke aufbereitet.

Jetzt geht es darum, mit Hilfe der Kenntnis jener Emotionssysteme, den direkten Salesprozess als Teil des Marketings praxisorientiert aufzuarbeiten.

Nun sind die Menschen in Vertrieb und Verkauf meist keine Wissenschaftler. Aber wir sind durchaus in der Lage, auf der Basis der wissenschaftlichen Forschungsergebnisse Strategien und Möglichkeiten für das Tagesgeschäft zu entwickeln und in unsere Verkaufsgespräche so zu integrieren, dass sie sich zum Wohl des Kunden auswirken. Denn das ist letztendlich unser Ziel: die „wirklichen" Wünsche des Kunden zu erkennen und darauf einzugehen.

Gehen Sie mit auf eine umsetzungsorientierte Entdeckungsreise mit wissenschaftlichem Background, um Ihren Kunden das Beste zu geben, was Sie zu bieten haben: „ein emotional faszinierendes Einkaufserlebnis"!

Was und wie Sie von diesem Buch profitieren

Gerne möchte ich Ihnen zuerst einen kurzen Überblick über den Aufbau des Buches geben. Dieses Buch ist ein Praxisbuch für alle, die im Verkauf tätig sind oder mit Verkauf zu tun haben. Es ist aus der Praxis für die Praxis geschrieben, die Tipps und Hinweise sind allesamt im konkreten Verkaufsgespräch eingesetzt und erprobt worden und haben sich im Kundenkontakt bestens bewährt.

Das Besondere und Neue an diesem Verkaufsbuch aber ist: Es verbindet die herkömmlichen Verkaufsstrategien und -methoden mit den neuesten Erkenntnissen der Gehirnforschung. Diese hat festgestellt: Der Mensch entscheidet emotional. Anschließend begründet er diese Entscheidung rational. Viele unserer Kaufentscheidungen fallen also über das sogenannte Bauchgefühl – nur dass das eben nicht im Bauch sitzt, sondern im Kopf.

Das hat weitreichende Konsequenzen für unser Verkaufsgeschäft. Es ist notwendig und erfolgsentscheidend, den Kunden auf der emotionalen Ebene anzusprechen und ihn auf dieser Ebene zu erreichen. Moderner Verkauf erzielt durch Emotionen Spitzenverkäufe. Emotionen sind die treibende Kraft für unsere Entscheidungen. Deshalb gilt es die Kunden zu begeistern und den gesamten Verkaufsprozess und die gesamte Kundenbeziehung zu emotionalisieren. Im ersten Kapitel über „Die Erkenntnisse aus dem Neuromarketing für den Verkauf" erfahren Sie von all diesen Hintergründen und lesen, warum es auch im Sinn und zum Nutzen des Kunden ist, wenn wir unsere Kundenkontakte emotionalisieren. Denn eines möchte ich betonen:

Das oberste und wichtigste Ziel von Limbic® Sales ist die beiderseitige Verbesserung des Kontakts von Mensch zu Mensch, zwischen zwei Menschen, die sich auf Augenhöhe begegnen, zwischen dem Kunden und Ihnen.

Im zweiten Kapitel geht es um „Die Grundlagen des Limbic® Sales". Sie lernen die drei großen Emotionssysteme kennen, die unsere Kaufentscheidungen beeinflussen. Eine Landkarte der Emotionen wird Ihnen den Weg in die Vorstellungswelt Ihrer Kunden weisen. So erfahren Sie beispielsweise, wie Belohnung und Vermeidung unser Verhalten beeinflussen. Anhand eines kleinen Schnelltests können Sie bei sich selbst die Ausprägungen Ihrer Emotionssysteme ermitteln. Denn im Kundenkontakt treffen immer zumindest zwei Menschen aufeinander – der Kunde und Sie. Und darum ist es von Vorteil, wenn Sie Ihr eigenes Persönlichkeitsprofil erstellen können und wissen, welches der drei Emotionssysteme bei Ihnen dominiert.

Im dritten Kapitel „Erfolgreich mit sich selbst umgehen" geht es darum, sich selbst in einen Topzustand zu bringen. Mental wird real, was Sie denken entscheidet, Sie sind es, der darüber bestimmt, wie Sie die Realität wahrnehmen. Lesen Sie, wie Sie Ihren Emotionssystemen Energie zuführen und wie Sie Ihre Träume in Ziele verwandeln und mit welchen Mitteln Sie diese erreichen. Ob es Ihnen gelingt, motivierende und kundenorientierte Verkaufsgespräche zu führen, ist von Ihrem Zustand abhängig. Und diesen Zustand können Sie mit den Strategien, Methoden und Techniken des Zustandsmanagements beeinflussen, steuern und verändern. Wie in jedem Kapitel finden Sie auch hier Übungen, die Sie bei der Umsetzung des Gelesenen unterstützen und die Sie auf jeden Fall in Ruhe durchführen sollten. Das gilt auch für die Limbic®-Tipps und die Passagen, in denen ich Sie bitte, sich „Zeit zum Nachdenken" zu nehmen.

Die Ausführungen zum Zustandsmanagement gehören zu den wichtigsten in diesem Limbic® Sales-Buch. Denn wenn Sie sich nicht in einen Zustand versetzen können, der es Ihnen erlaubt, Ihren Gesprächspartner persönlich und emotional zu erreichen, können Sie sich die Lektüre der weiteren Kapitel sparen, und eigentlich auch Ihr Verkaufsgespräch insgesamt. Es klingt etwas hart, aber es ist so. Menschen kaufen nun einmal von Menschen.

Im vierten Kapitel „Erfolgreich mit Kunden umgehen" betreten wir dann endgültig die Kundenwelt. Nun können wir gemeinsam erkunden, wie Sie die unterschiedlichen Emotionssysteme der Kunden erkennen und einschätzen. Hier hat die Hirnforschung wiederum äußerst interessante Ergebnisse zutage gefördert, die zum Beispiel den spezifischen Umgang mit älteren und jüngeren oder mit männlichen und weiblichen Kunden betreffen.

Vielleicht wirft jetzt der eine oder andere von Ihnen ein: „Warum nur spricht der Autor von Kunden? Was ist mit den Kundinnen? Und den Verkäuferinnen?" Das stimmt. Aber aus Gründen der besseren Lesbarkeit und des angenehmeren Leseflusses habe ich mich entschieden, die männliche Form zu wählen. Doch selbstverständlich sind immer auch die Leserinnen, die Kundinnen und die Verkäuferinnen gemeint und eingeschlossen.

Jetzt kommen wir zum Tagesgeschäft des Verkäufers: das Verkaufsgespräch. Naturgemäß ist das fünfte Kapitel „Den Verkaufsprozess sicher steuern" ein sehr umfangreiches geworden, immerhin finden Sie dort den gesamten Verkaufsprozess abgebildet. Freuen Sie sich also darauf, wie Sie Ihre Verkaufsgespräche „limbisch" und emotional aufbauen können – und zwar beginnend mit einem interessanten Gesprächseinstieg über die Präsentation bis hin zur Angebots- und Auftragsphase.

Jede einzelne Verkaufsphase wird unter Neuromarketing-Gesichtspunkten betrachtet und analysiert. Es versteht sich von selbst, dass Sie immer wieder prüfen sollten, wie Sie die einzelnen Tipps auf das bevorzugte Emotionssystem Ihres konkreten Kunden anwenden können.

Mehr noch als in den anderen Kapiteln gilt: Die Ideen, Praxistipps, Übungen und Umsetzungsaufgaben unterstützen Sie dabei, das Gelesene auf Ihre persönliche Situation zu beziehen und die Hinweise individuell auszuprobieren und in Ihr Tagesgeschäft zu integrieren.

Im Schlussteil beschäftigen Sie sich damit, die beschriebenen Strategien, Methoden, Tools und Aktivitäten zu nutzen, um ein Limbic® Sales-Gespräch aufzubauen, das den neuesten Erkenntnissen der Hirnforschung entspricht, Ihnen es aber zugleich ermöglicht, eigene

Schwerpunkte zu setzen. Denn natürlich sind und bleiben Sie es, der Ihre Kunden am besten kennt!

Nutzen Sie aber dieses Buch und meine Erfahrungen, um Ihre Kundenkontakte stetig zu verbessern und sich in den Augen Ihrer Kunden als unentbehrlicher Einkaufsbegleiter zu profilieren.

Nun erwartet Sie eine Menge spannender Informationen. Haben Sie Freude beim Lesen und Spaß beim Ausprobieren. Setzen Sie Ihre Erkenntnisse sofort in die Praxis um. Steigern Sie Ihren Verkaufserfolg – und zwar sofort, heute und morgen, im nächsten Gespräch. Die in diesem Buch beschriebenen Methoden und Strategien vermitteln Ihnen die notwendige Sicherheit. Emotionalisieren Sie Ihre Kunden und verkaufen Sie noch erfolgreicher als Sie das bisher schon tun.
Ich wünsche Ihnen viel Erfolg dabei.

Ihr

Helmut Seßler

Die Erkenntnisse aus dem Neuromarketing für den Verkauf

In diesem Kapitel erfahren Sie:

- welche wichtigen Erkenntnisse aus der Hirnforschung und dem Neuromarketing vorliegen und welche Bedeutung sie für den Verkaufsprozess haben,
- welche große Rolle die Emotionen bei Entscheidungen spielen,
- dass der Mensch keine rationale Entscheidungsmaschine ist, sondern ein emotionales Wesen,
- dass unbewusst getroffene emotionale Kaufentscheidungen nachträglich durch die Ratio „abgesegnet" und begründet werden.

Die neuen Perspektiven durch das Neuromarketing

Limbic® Sales bedeutet „Verkaufen aus Sicht des Gehirns". Nutzen Sie die neuesten Erkenntnisse aus der Gehirnforschung, speziell aus der Forschung zum Thema Neuromarketing, für Ihre Verkaufserfolge. Was bringt Neuromarketing Neues? Was ist anders im Vergleich zum klassischen Marketing? Erkenntnisse aus der Hirnforschung zeigen, dass es die bewusste Entscheidung des Kunden nicht gibt. Der rationale Kunde existiert nicht – er ist eine Illusion.

Die Neuromarketing-Forschungen werden heute von einigen engagierten Wissenschaftlern vorangetrieben. Seit Mitte der 1990er Jahre wird geforscht, getestet und den Käufern ins Gehirn geschaut. Der Grund ist, herauszufinden, wie Kunden ihre Entscheidungen treffen. Dies ist deshalb so wichtig, weil alles, was wir tun, was wir denken und wie wir uns verhalten, das Ergebnis unserer vorangegangenen Entscheidungen ist. Aber läuft dieser Prozess bewusst ab? Die Antwort der Hirnforschung ist eindeutig und lautet: Nein. Die Entscheidungsprozesse bei unseren Kaufinteressenten laufen auf einer unbewussten Ebene ab.

Neuromarketing hat das Ziel, diese Entscheidungsprozesse zu erkennen, zu analysieren und die Erkenntnisse für die Praxis nutzbar zu machen.

Durch die Verbindung von wissenschaftlicher Forschung und praktischer Anwendung entstehen neue Sichtweisen. Erkenntnisse, die im Marketingbereich erfolgreich sind, können wir auf den Verkauf übertragen. Nicht nur Verkäufer profitieren davon, auch alle Menschen, die verhandeln müssen oder wollen, um Ergebnisse zu erzielen. Ganz gleich, ob es sich um Selbstständige, Freiberufler, Firmeninhaber, Führungskräfte oder Ehepaare handelt – der gemeinsame Nenner all dieser Gruppen ist, dass sie verhandeln, um etwas zu verkaufen, ihre Meinung, ihre Idee und ihr Anliegen durchzusetzen. Und selbstverständlich können die neuen Erkenntnisse der Hirnforschung auch für Kundengespräche genutzt werden.

In diesem Buch werden wir uns hauptsächlich mit den Themen Verkaufen und Verhandeln beschäftigen und zeigen, welche Rolle die Emotionen dabei spielen. Pointierter ausgedrückt:

> Wir wollen zeigen, wie Sie im Verkaufs- und Verhandlungsprozess die Emotionen nutzen, um für Ihre Kunden Einkaufserlebnisse zu kreieren.

Entscheidungen im menschlichen Gehirn

Wichtig ist immer die Kundenperspektive: Es geht nicht ums Verkaufen – das würde Ihre Sichtweise allzu sehr in den Mittelpunkt stellen. Nein, in den Vordergrund rückt das Einkaufserlebnis Ihres Kunden. Und es geht nicht ums Verhandeln, sondern darum, dass Sie Ihren Kunden und dieser dann sich selbst davon überzeugt, dass es von Vorteil ist, wenn er Ihr Produkt oder Ihre Dienstleistung einkauft.

Neuromarketing beschäftigt sich damit, wie Kauf- und Wahlentscheidungen im menschlichen Gehirn ablaufen und wie man sie beeinflussen kann. Diese Fragen werden von den Gehirnforschern beantwortet und helfen uns schneller, besser und mehr zu verkaufen. Das Ziel von Neuromarketing ist, diese neuen Erkenntnisse in die Marketingtheorie und vor allem in die Marketingpraxis zu integrieren.

Einer dieser Forscher ist Hans-Georg Häusel, Diplompsychologe und Bestsellerautor. Er zählt weltweit zu den führenden Experten in den Bereichen Marketing, Markenmanagement und Konsumverhalten. Seine Forschungsstrategie bestand darin, die aktuellen Erkenntnisse der Psychologie, Neurobiologie, Neurochemie usw. übereinander zu legen und auf gemeinsame Strukturen hin zu untersuchen. Dadurch ist es gelungen, ein verständliches und wissenschaftlich fundiertes System der Emotionen für die Marketing- und Verkaufspraxis zu entwickeln. Es wurden keine neuen Motiv- und Emotionsmuster erfunden, sondern nur die vielfältigen Erkenntnisse verschiedener Disziplinen zusammengeführt. Diesen Emotionssystemen und Motiven hat Häusel einen leicht merkbaren Namen gegeben: Dominanz, Stimulanz, Balance. Die Landkarte dieser Systeme nennt er „Limbic® Map", die verschiedenen Käufertypen „Limbic® Types".

In diesem Buch werden wir öfter auf diese Forschungsergebnisse eingehen und sie für die Verkaufspraxis nutzen.

Neuromarketing: Welche Erkenntnisse gibt es?

Um die Abläufe im Kopf des Kunden zu verstehen, lassen Sie uns zuerst das menschliche Gehirn anschauen. Dieses kann man ganz grob in drei Zonen einteilen. Vereinfacht dargestellt hat es folgende Aufgaben:

- Der älteste Teil des Gehirns ist das Stammhirn. Es ist für einfache und schnelle emotionale Reaktionen zuständig. Zudem hat es eine biologische Funktion zu erfüllen und „kümmert" sich um Dinge wie Essen, Schlafen, Atmen und Fortpflanzung.
- Darüber liegt das Zwischenhirn. Hier ist das limbische System angesiedelt. Beim limbischen System handelt es sich allerdings um einen Sammelbegriff, welcher verschiedene Gehirnstrukturen zusammenfasst. Hierzu zählen alle Bereiche, die maßgeblich an der Verarbeitung von Emotionen beteiligt sind. Da diese Emotionen Auslöser von Handlungen und somit auch von Kaufreizen und Kaufentscheidungen sind, werden wir uns mit dem limbischen System intensiv befassen.

- Und schließlich das Großhirn: Der vermeintliche Sitz der Vernunft. Hier werden Informationen verarbeitet und gespeichert. Vereinfacht gesagt sitzt hier unser Bewusstsein.

Das „alte" Menschenbild: der rationale Mensch

Bis Mitte der 1990er Jahre waren sich die Wissenschaftler über die Gehirnfunktionen weitgehend einig. Man glaubte, dass:

- das Großhirn Sitz von Verstand und Vernunft ist,
- das darunter liegende limbische System das Emotionszentrum ist und
- das Stammhirn für die Instinkte zuständig ist.

Des Weiteren nahm man an, dass die Gehirnbereiche wie Zwiebelschalen aufeinander sitzen. Weiterhin galt als wissenschaftliche Erkenntnis, dass sie kaum miteinander verbunden sind und somit relativ unabhängig voneinander arbeiten. Das Großhirn wurde als das eigentliche Machtzentrum im menschlichen Kopf dargestellt. Dort würden auch die rationalen vernünftigen Entscheidungen getroffen.

Weiterhin glaubte man, dass Emotionen und Instinkte das vernünftige Denken stören. Die meisten Entscheidungen würden im Kopf bewusst und selbstbestimmt getroffen. Auch die Topografie des Gehirns galt als gesichert: Der klare und dominante Verstand saß im Gehirn oben und die niederen Instinkte unten – die Abbildung 1 zeigt dies.

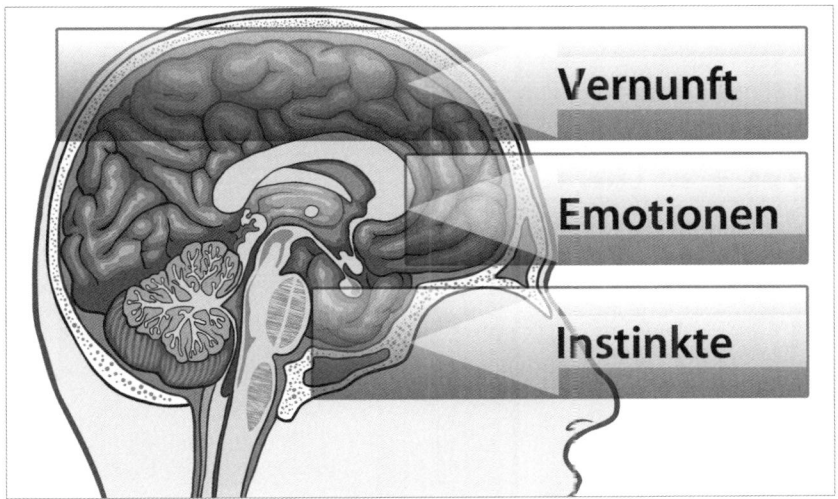

Abb. 1: Unser Gehirn: Vernunft, Emotionen, Instinkte

Das „neue Menschenbild": der emotionale Mensch

Heute gehen wir davon aus, dass unser ganzes Gehirn mehr oder weniger emotional strukturiert ist. Man hat durch Untersuchungen bei hirnverletzten Menschen erkannt, dass Emotionen keinesfalls als Störungen im Entscheidungsprozess bezeichnet werden können. Im Gegenteil: Ohne Emotionen kommen überhaupt keine guten Entscheidungen zustande. Wichtige Untersuchungen hierzu wurden in den 1990er Jahren von den Neurowissenschaftlern Antonio Damasio und Joseph LeDoux durchgeführt. Demnach kann die alte Dreiteilung des Gehirns nicht mehr aufrecht erhalten werden.

So ist an der Emotionsverarbeitung auch das Großhirn beteiligt. Heute werden große Bereiche des vorderen Großhirns zum limbischen System gezählt. In diesem Teil sitzt das emotionale Rechenzentrum. Es berechnet die Wahrscheinlichkeit und die Möglichkeiten, wie wir (und unser Kunde) ein Maximum an Lust mit einem Minimum an Einsatz bekommen können. Eingehende Signale werden vom limbischen System bewertet und mit Erfahrungen aus dem Gedächtnis abgeglichen. Schließlich wird ein Handlungsplan erstellt, der dann realisiert wird.

In Abbildung 2 finden Sie die wichtigsten Aspekte des alten und neuen Denkens zusammengefasst.

Das alte Denken	Das neue Denken
Emotionen sind das Gegenteil von Vernunft	Emotionen entscheiden
Vernunft entscheidet – Emotionen stören	Das emotionale Machtzentrum im Gehirn ist das limbische System
Entscheidungen werden bewusst gefällt	Entscheidungen fallen weitgehend unbewusst (ca. 70 - 80 %)

Abb. 2: Das alte und das neue Denken beurteilen die Bedeutung von Emotionen höchst unterschiedlich.

Die Vormachtstellung der Emotionen ist heute naturwissenschaftlich durch die Hirnforschung bewiesen worden. Diese Erkenntnisse lassen den Verkaufsprozess in einem ganz anderen Licht erscheinen. Natürlich war nicht alles falsch, was wir bisher gemacht haben. Dennoch bietet es sich an, auf der Grundlage dessen, was im Verkaufsprozess auch früher gut und richtig war, mit den neuesten Erkenntnissen der Hirnforschung zu verbinden und für Verbesserungen zu nutzen. Ziel sollte sein, auf diese Weise die Verkaufspraxis auf noch sicherere Füße zu stellen und den Erfolg vom Zufall zu befreien.

Emotionen verkaufen: Wie wir Entscheidungen treffen

Die neuen Erkenntnisse der Hirnforschung zeigen uns, dass die Emotionen bei den Entscheidungen eine wesentliche Rolle spielen. Auch bei jeder Kaufmöglichkeit wird eine Entscheidung getroffen: Ja oder Nein. Kaufen oder nicht kaufen. In unseren Verkaufsseminaren und in der Trainerausbildung frage ich die Teilnehmer immer, wie sie ihre Kaufentscheidungen treffen. Rational und bewusst – oder doch eher emotional. Die meisten antworten mir: „Natürlich habe ich bewusst entschieden. Ich habe Preis und Nutzen abgeglichen und dann eine rationale Entscheidung gefällt. Manchmal haben sicherlich auch die Emotionen eine Rolle gespielt, aber dann habe ich letztendlich doch bewusst entschieden."

Natürlich glauben wir daran, dass wir bewusste Entscheidungen treffen, an eine freie Entscheidung, an eine selbstbestimmte Entscheidung. Täglich treffen wir bewusst (tausende) Entscheidungen – wann wir essen, zur Arbeit gehen, mit wem wir uns treffen, was wir lesen, wie wir uns informieren usw. Wir bestimmen bewusst unser Leben.

Wir glauben, dass wir so leben, so Entscheidungen treffen und auch so kaufen. Jedoch: Die Ergebnisse der Hirnforschung lehren uns etwas anderes.

Professor Gerhard Roth, einer der bedeutendsten und anerkanntesten Gehirnforscher, und der amerikanische Neurophilosoph Daniel C. Dennett bezeichnen das bewusste „Ich" als einen Regierungssprecher, der Entscheidungen interpretieren und legitimieren muss, deren Gründe und Hintergründe er jedoch gar nicht kennt und an deren Zustandekommen er zudem nicht beteiligt war.

Was wir als freie und bewusste Entscheidung erleben, ist oft nichts anderes als eine „Benutzerillusion". Die wirkliche Macht im Kopf haben die Emotionssysteme.

Warum aber sind wir (fast) alle der felsenfesten Überzeugung, rationale Entscheidungen zu treffen. Täuschen wir uns alle? Nun: Das Bewusstsein sucht einen Sinn, zum Beispiel für einen Kauf. Es erfindet eine Begründung, es schiebt die rationale Begründung für die emotionale Entscheidung nach. Aber dies hat mit dem, was unbewusst im Gehirn abgelaufen ist, nichts zu tun.

Daniel Wegner von der Harvard University und Wolfgang Prinz vom Max-Planck-Institut für Kognitions- und Neurowissenschaften in Leipzig kommen zu folgenden Aussagen:

- Das Bewusstsein gibt der Aktion und Handlung nachträglich einen Sinn, obwohl es selbst an der Handlung nicht beteiligt war.

- Wir tun nicht, was wir wollen, sondern wir wollen, was wir tun.

Die Konsequenz: Ganz gleich, ob es um uns selbst geht, um unsere Motivation und unsere Erfolgsstrategien, oder um andere: Wichtig ist stets, die unbewussten Emotionsknöpfe zu finden und zu drücken, um Entscheidungsprozesse zu steuern.

Die Frage nach der Manipulation

Aber ist das denn nicht Manipulation? Dieser Aufschrei war schon in den 1980er und 1990er Jahren zu hören, als das NLP – das Neuro-Linguistische-Programmieren – Einzug in den Verkaufsalltag hielt. Wie alles, hat auch diese Erkenntnis zwei Seiten. Ein Messer kann man zum Schälen eines Apfels benutzen – oder als Angriffswaffe.

Natürlich: Manipulation heißt Beeinflussung. Aber werden wir nicht täglich beeinflusst? Von unseren Mitmenschen, von den Nachrichten des Tages, vom Pfarrer, von Lehrern und Politikern? Und auch unsere Lebenspartner und Kinder nehmen täglich Beeinflussungen anderer Menschen vor.

Faires Verkaufen heißt, die Emotionen des Kunden zu befriedigen, ihn einkaufen zu lassen, damit er Freude empfindet. Und das hat mit Manipulation wenig zu tun – und wenn doch, dann mit einer Beeinflussung, die nicht zum Ziel hat, dem anderen zu schaden, sondern zu nutzen.

In diesem Buch werden die emotionalen Kaufknöpfe und deren Wirkung aufgedeckt und beschrieben. Wenn man diese kennt, kann sich jeder, der will, dagegen schützen – sofern sie ihm beim Einkaufen bewusst werden.
Wenden wir uns der Frage zu, wie man feststellt, wie Entscheidungen tatsächlich getroffen werden. In den letzten zehn bis 15 Jahren hat man darauf eine Antwort gefunden. Mit modernster Technik werden vom Gehirn Bilder erstellt. Mit sogenannten Hirnscannern wie etwa

dem funktionalen Magnetresonanztomographen (fMRT) wird das Gehirn bildhaft dargestellt. Die Abbildungen 3 und 4 zeigen einen solchen Tomographen und die Bilder, die er liefert.

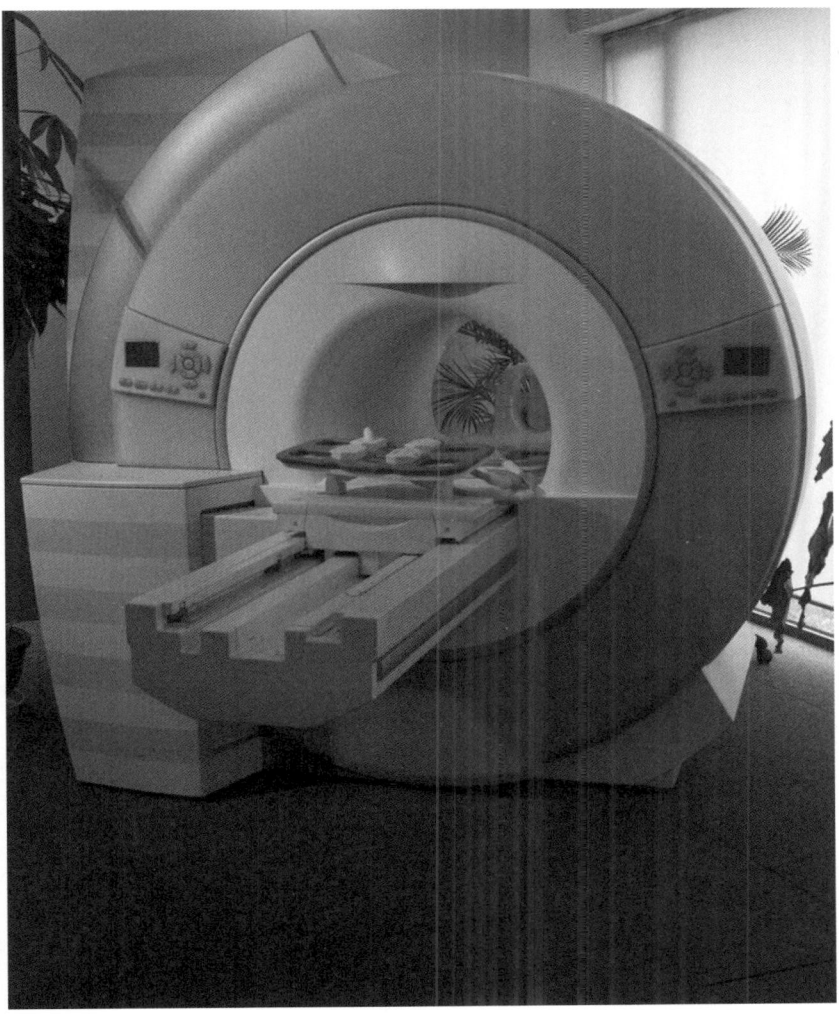

Abb. 3: Der funktionale Magnetresonanztomograph (fMRT) erlaubt Einblicke in die Aktivität unseres Gehirns.

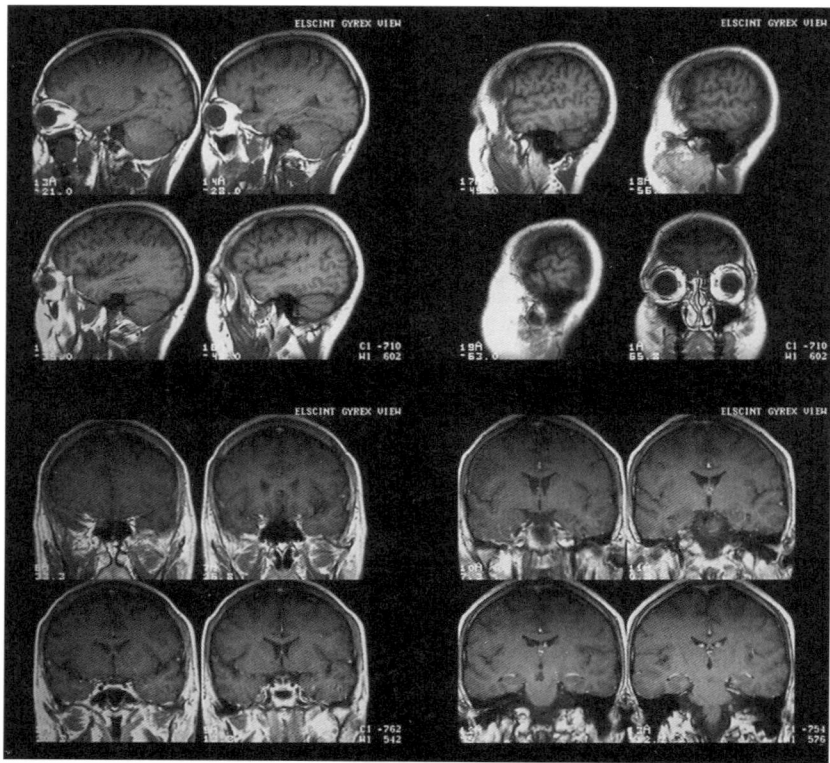

Abb. 4: fMRT-Schnitte bilden jeweils aktivierte Bereiche des Gehirns ab.

Probanden werden zu bestimmten Aktivitäten veranlasst und/oder äußeren Reizen ausgesetzt. Während dieser Testphase werden mit dem Hirnscanner die Aktivitäten der einzelnen Gehirnregionen gemessen. So lässt sich nachweisen, wann etwas im Gehirn passiert – und was. Was der Proband denkt und fühlt, kann hingegen nicht festgestellt und bildhaft aufgezeichnet werden.

Also: Es besteht kein Grund, Angst vor den Ergebnissen zu haben, die durch diese Maschinen geliefert werden. Aber die Ergebnisse berechtigen zu der Annahme, dass der Verkauf eine ganz neue Dimension gewinnt. Wir werden uns noch ausführlich damit beschäftigen, wie wir die unbewussten Emotionsknöpfe aktivieren, damit Kunden kaufen.

Kundenbegeisterung. Was daran ist neu?

Emotion ist nicht alles. Aber ohne Emotion ist alles nichts! Ein Spruch, den die meisten von Ihnen schon einmal gehört haben werden. Die Hirnforschung zeigt uns, dass die Erkenntnis, die sich hinter dem Spruch verbirgt, größte Bedeutung für unser Einkaufsverhalten und somit für den Verkaufsprozess hat.

Allerdings: Vollkommen neu ist diese Erkenntnis für den Verkauf nicht. Anzeigen und moderne Werbespots zielen genau darauf ab, den Kunden bei den emotionalen Hörnern zu packen. In der Realität geht es jedoch oft ganz anders zu. Oft regieren „ZDF" (Zahlen, Daten, Fakten) unsere Gespräche. Der Nutzen wird vor allem auf der sachlichen Ebene aufgezeigt, um dem Käufer die Vorteile zu verdeutlichen – und entsprechend sachlich und „emotionslos"-trocken ist auch die Präsentation des Nutzens.

Das Ergebnis: Zuweilen werden die Interessenten „zu Tode" beraten. Ein mit Informationen überfrachteter, verwirrter Kunde kann sich nicht entscheiden – und kauft nicht, weil er sich im Dschungel der langweilig dargebotenen Produktvorteile verheddert.

Immer wieder beobachten wir, dass etwa ein Verkäufer keine oder wenige Fragen stellt – und wenn doch, dann oftmals nur Informations- und Bedarfsfragen. Wie jedoch wollen wir die Motive und die emotionalen Wertevorstellung unserer Kunden erkennen und diese dann befriedigen, wenn wir nur mit Sachfragen arbeiten? Wie wollen wir auf diese Weise ein emotionales Einkaufserlebnis schaffen?

Wenn wir die neuen Erkenntnisse der Hirnforschung beherzigen, wird es uns gelingen, das Herz des Kunden oder des Interessenten zu erreichen und zu öffnen. Diese Erkenntnisse sind vor allem:

- Die entscheidende Rolle im Verkaufsprozess spielen die Emotionen.
- 70 bis 80 Prozent unserer Entscheidungen treffen wir unbewusst – und dann begründen wir sie. Dass der Kunde seine Entscheidungen

bewusst fällt, ist ein Trugschluss, wie wir im Laufe des Buches noch sehen werden. Mit Limbic® Sales gelingt es, das Unterbewusstsein im Kaufprozess anzusprechen und zu beeinflussen.

- Seit Platon herrschte die Meinung vor, dass die Ratio das Gegenteil der Emotionen ist. Unser Gehirn möchte allerdings nicht rational entscheiden, sondern es will durch unser Tun maximale positive Emotionen erzielen bzw. negative Emotionen vermeiden. Unemotionale Entscheidungen gibt es nicht – auch nicht bei Präzisionsprodukten und Qualitätserzeugnissen. Selbst die Entscheidung für den Kauf eines technisch höchst anspruchsvollen Produkts ist ein hochemotionaler Akt.

- Ein Großteil der Botschaften und Signale, die wir als Person mit unserem Produkt oder mit unserer Präsentation aussenden, erreichen das Bewusstsein erst gar nicht. Trotzdem beeinflussen sie das Verhalten, das Denken und die Entscheidungen, die wir treffen – auch als Kunden.

- Das sichtbare und von außen wahrnehmbare Verhalten des Kunden wird von seinen inneren Emotionen gesteuert.

- Emotionen wirken unbewusst und 0,5 bis 1 Sekunde schneller als unser vermeintlich „bewusstes" Verhalten. Das heißt: Eine Kaufentscheidung fällt zunächst emotional und ERST DANACH auf der bewussten Ebene. Pointiert kann man sagen, dass unsere Kaufentscheidung schon längst gefallen ist, wenn wir sie treffen. Lernen wir also, mit den Augen zu hören und mit den Ohren zu sehen. Im Laufe des Buches beschäftigen wir uns mit dem Wahrnehmen kleinster Signale, sogenannter Micro-Skills, um wirkungsvoll Emotionen zu erkennen und auszulösen.

Fazit

Sie wissen jetzt, dass in Kauf- und Entscheidungsprozessen die Emotionen eine ungleich größere Rolle spielen als bisher vermutet und bekannt.

Die Grundlagen des Limbic® Sales

In diesem Kapitel erfahren Sie:

* wie das limbische System aufgebaut ist, Entscheidungen beeinflusst und innere Zustände herbeiführt,
* dass und wie die drei großen Emotionssysteme jeden Menschen antreiben: Balance-System, Stimulanz-System und Dominanz-System,
* wie das limbische System im Hirn unsere Entscheidungen beeinflusst,
* welche Belohnungs- und Vermeidungssysteme existieren und das Verhalten von Menschen beeinflussen,
* wie sich die Landkarte der Emotionen, Motive und Werte zusammensetzt,
* wie Sie feststellen, welche Emotionssysteme bei Ihnen vorherrschen.

Was ist Limbic® Sales?

Unter Limbic® Sales versteht man, die Emotionssysteme mit den richtigen und wirkungsvollen Emotionen zu bedienen, um den Kunden zu einer positiven Entscheidung zu führen. Kurz gesagt: aus der Sicht des Gehirns verkaufen. Dabei soll dem emotionalen Verkaufseffekt möglichst viel Kraft verliehen werden. Ziel von Limbic® Sales ist es, Ihnen zu helfen noch kraft- und wirkungsvoller zu verkaufen.

Bisher gingen wir von einem bewusst entscheidenden Kunden aus. Wir glaubten, dass Menschen vor allem rational entscheiden. Deshalb versuchen gute Verkäufer, kundenorientiert zu verkaufen. Doch der Kunde weiß meist selbst nicht, warum er seine Entscheidungen so und nicht anders trifft. Er glaubt zwar, seine Entscheidungen beruhten auf rationalen Kriterien. In Wirklichkeit aber fallen sie weitgehend unbewusst. Wenn wir also noch erfolgreicher sein wollen, gilt es nicht, das Bewusstsein zu überzeugen, sondern den direkten Weg zu den

Emotionssystemen zu suchen und zu finden. Sprechen Sie den „Entscheider" im Kundengehirn an, nämlich die Emotionssysteme. Limbic® Sales definiert Kundenorientierung völlig neu und strebt die emotionale Kundenbegeisterung an.

Limbic® Sales – von der Werbung zum Verkaufsgespräch

Wahre Begeisterung entsteht durch das Aktivieren vieler kleiner Kaufknöpfchen. Es geht also darum, möglichst viele Emotionsimpulse auszulösen. Tausende kleine Impulse schwingen sich dann zu einer Begeisterungswelle auf.

Aufgabe der Werbung ist es schon seit langem, Nutzen emotional zu präsentieren. Wie das funktioniert, lernt der Werbeexperte bereits in der Ausbildung. Wie Sie wahrscheinlich aus eigener Anschauung wissen, ist heute Werbung für Autos, Geldanlagen oder für Genussmittel wie Rocher und Ferrero Küsschen stark emotionalisiert. Wie aber sieht es beim direkten Kundenkontakt aus? Bringen wir als Verkäufer die notwendige emotionale Power auf den Weg, um die Emotionssysteme der Kunden zu höchster Einkaufsfreude zu bewegen?

Mit Limbic® Sales ist es möglich, im direkten Gespräch gezielt auf die unterschiedlichen Emotionssysteme einzugehen. Da *alle* Menschen von diesen Systemen gesteuert werden, genügt es nicht, nur unsere Kunden entsprechend zu aktivieren. Entscheidend ist auch, dass wir uns selbst in einen Topzustand bringen. Der Verkaufserfolg wird durch die Emotionalisierung des Kunden UND des Verkäufers gesteigert, getreu dem Motto: „In Dir muss brennen, was Du in anderen entzünden willst." (Augustinus)

Leben Sie das Win-Win-Win-Prinzip

Sich selbst motivieren zu können, gehört zu den wichtigsten Fähigkeiten im Verkaufsprozess. Unter dem Leitmotiv „Mental wird real" beschäftigen wir uns später noch damit, wie wir unsere eigene emotionale Power aufbauen, verstärken und zum gewünschten Zeitpunkt abrufen können. Wie ein Hochleistungssportler, der auf Knopfdruck seine Topleistung erbringen muss, um zu gewinnen. Ich lade Sie ein, mit den neuesten Erkenntnissen der Hirnforschung auf das Siegertreppchen zu gelangen.

Darüber hinaus wenden wir uns auch den Kundenemotionen zu. Sie sollen schließlich nicht alleine auf dem Siegertreppchen stehen, die jubelnden Mengen sehen und den donnernden Applaus des Publikums empfangen. Nein, auch Ihr Kunde soll mit auf dieses Siegertreppe, und Ihre Firma (sowie Ihr Produkt oder Ihre Dienstleistung) natürlich auch. Ein dreifacher Sieg also. So gelingt es, das Win-Win-Win-Prinzip zu leben und Kundenbegeisterung oder sogar Kundenfaszination zu entfachen. Wenn wir das schaffen, haben wir den schnellsten, sichersten und kostengünstigsten Weg der qualifizierten Weiterempfehlung betreten. Schneller können Sie Ihrem Wettbewerb nicht davonlaufen.

Verhaltensänderungen schrittweise herbeiführen

Limbic® Sales ist eine Aufgabe für das gesamte Unternehmen. Es handelt sich um eine Strategie, um konsequent alle Kundenkontakte zu emotionalisieren. Dieses Limbic® Sales-Buch ist auf der Grundlage des Limbic®-Ansatzes von Hans-Georg Häusel geschrieben, der nach Meinung vieler Experten heute das beste und wissenschaftlich fundierteste Emotionsmodell für die Marketingpraxis entwickelt hat. Basierend auf der Kooperation mit der INtem-Gruppe übertragen wir sein marketingorientiertes Emotionsmodell konsequent in die persönliche Verkaufspraxis und legen den Schwerpunkt auf die praxisorientierte Anwendbarkeit.

Erwarten Sie bitte keinen Hauruck-Erfolg, denn aus Erfahrung wissen wir, dass Verhaltensänderungen nicht von heute auf morgen erfolgen, sondern Zeit benötigen. Immerhin: Verhaltensänderungen werden unbewusst verstärkt, wenn sie eine größere Belohnung nach sich ziehen. Deshalb trainieren wir bei INtem im Verkaufs- und Führungsbereich seit mehr als 20 Jahren mit dem Intervall-System-Training. Dosierte Inputtrainings mit Praxisumsetzungsphasen wechseln sich über einen längeren Zeitraum ab. Positive Erlebnisse und Ereignisse geben den Teilnehmern die erwünschte Belohnung für einen nachhaltigen Veränderungsprozess und verstärken ihn so.

Probieren Sie es doch selbst einmal aus: Lesen Sie das Buch in kleinen Etappen und setzen Sie die eine oder andere Idee sofort in die Praxis um.

Das limbische System: Unser emotionales Steuerungssystem

„Alles, was keine Emotion auslöst, ist für unser Gehirn wertlos", so Hans-Georg Häusel. Lassen Sie uns daher die mächtigen Emotionssysteme genauer anschauen. Jede Sekunde strömen unzählige Informationen und Eindrücke auf uns ein. Neuroinformatiker stellten fest, dass wir über unsere fünf Sinne ca. elf Millionen Bit pro Sekunde aufnehmen. Diese werden an unser Gehirn weitergeleitet und dort gefiltert, da diese Informationsmenge nicht verarbeitet werden kann. Aber nur ein kleiner Teil – nämlich ca. 40 Bit pro Sekunde – erreicht unser Gehirn, sodass nur 0,00004 Prozent an Informationen tatsächlich in unser Hirn dringen und dort verarbeitet werden.

Das limbische System als Türsteher

Das bedeutet, dass alle Informationen und Wahrnehmungen zunächst einmal im limbischen System bewertet werden. Dies geschieht ohne unsere bewusste Wahrnehmung. Das limbische System ist quasi der unbewusste Türsteher zu unserem Bewusstsein, also dem Großhirn. Die Bewertung ist ein hochkomplexer Vorgang, der von unseren Emotionssystemen gesteuert wird. Alle Informationen werden, etwas vereinfacht gesagt, mit einer positiven oder negativen Markierung versehen, zum Beispiel „gut –schlecht", „wichtig – unwichtig", „richtig – falsch", „Lust – Unlust", „Freund – Feind" oder „spannend – langweilig".

Kommt das limbische System zu keiner eindeutigen Zuordnung, wird eine Information nicht weiterverarbeitet und landet quasi im Papierkorb. Sie wird gelöscht, um unser Gehirn nicht mit überflüssigem Müll zu überladen. So gelangen nur die für uns als wichtig empfundenen Informationen ins Gehirn – Informationen, die emotional von Bedeutung sind. Unbewusst steuern uns emotionale Programme, welche sich im Laufe der Evolution als natürlich und überlebensnotwendig herauskristallisiert haben.

Noch einmal: Diese Programme steuern unser Verhalten, aber wir nehmen sie nicht bewusst wahr. Wenn Sie also Ihre Kunden erreichen wollen, stehen Sie vor der Herausforderung, zuerst das limbische System zu passieren. Dies gelingt, indem Sie Ihr Anliegen mit möglichst vielen positiven Emotionen verbinden, sodass diese dann am Türsteher vorbei kommen und zum Großhirn vordringen können.

Unbewusste Entscheidung – bewusste Rechtfertigung

Ihre Botschaft muss also bedeutend sein, um eine positive Markierung zu erhalten und vom limbischen System als emotional wichtig eingestuft zu werden. Diese Bewertungsprogramme werden auch *neurobiologische Emotions- und Motivsysteme* genannt. Wir betrachten sie im nächsten Kapitel genauer. An dieser Stelle genügt die Information: Diese Systeme sind Programme, welche im unteren Teil des Gehirns sitzen. Sie sind maßgeblich an unseren Entscheidungsprozessen beteiligt. Sie wissen ja bereits, dass 70 bis 80 Prozent unserer Entscheidungen unbewusst von uns getroffen und nachträglich von unserem Verstand (Ratio) begründet werden.

Das Ergebnis der Bewertung durch die Motiv- und Emotionssysteme können wir durchaus von außen erkennen. Es ist unser spontanes

Verhalten. Sehr gut ist es anhand der Körpersprache zu erkennen. Deshalb ist es entscheidend, beim Kunden auf die ersten spontanen Reaktionen zu achten und diese genau wahrzunehmen – auch, um negative Reaktionen korrigieren oder positive verstärken zu können. Denn erst wenn diese Bewertung durch die Motiv- und Emotionssysteme erfolgt ist, gelangen unsere Informationen ins Großhirn, in das sogenannte Bewusstsein. Dort werden Sie weiterverarbeitet. Allerdings sind es nicht mehr die originalen Informationen, sondern eben die emotional markierten Informationen. Die Weiterverarbeitung erfolgt durch unser Denken, Planen, Analysieren usw. Schließlich werden sie mit den bereits gespeicherten Erfahrungen abgeglichen. Das Ergebnis dieses Verarbeitungsvorgangs erleben wir als reflektiertes Verhalten, das wiederum, genau wie das spontane Verhalten, von außen zu erkennen ist. Allerdings ist es jetzt bewusst gesteuert – jedoch beeinflusst von der vorhergegangenen emotionalen Bewertung. In Abbildung 5 sind diese Zusammenhänge veranschaulicht.

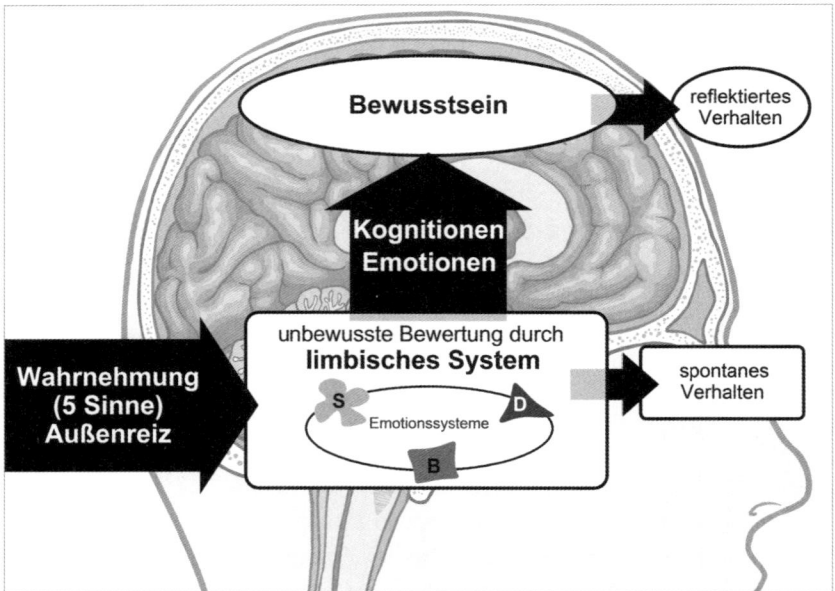

Abb. 5: Das limbische System ist für unbewusste Bewertungen zuständig.

Sicherlich erinnern Sie sich an das erste Kapitel und den Hinweis, dass die Emotionen unbewusst und 0,5 bis 1 Sekunde schneller als unser vermeintlich „bewusstes" Verhalten entscheiden. Und darum treten jene äußeren Reaktionen nicht zeitgleich auf: Unsere unbewusste Wahrnehmung erfolgt schneller als unsere bewusste Wahrnehmung. All diese für unsere Entscheidungen so elementaren Prozesse laufen in Sekunden oder auch in Bruchteilen von Sekunden in unserem Gehirn ab.

Wir interessieren uns und freuen uns über ein Produkt oder eine Dienstleistung, über die Präsentation, über das Angebot. Oder wir lehnen es ab, wir mögen es nicht, es entspricht nicht unserer (emotionalen) Vorstellung. Jetzt entscheidet es sich: Wir kaufen oder nicht!

Wenn wir diesen Prozess durchlaufen haben, die Entscheidung getroffen ist, dann begründen und rechtfertigen wir sie. Wir finden immer Gründe, die für oder gegen einen Kauf sprechen. Doch die wirkliche Entscheidung ist schon längst vorher getroffen – auch wenn sie nicht immer richtig ist. Hinzu kommt: Eine emotional getroffene Entscheidung rational zu korrigieren ist möglich, aber sehr aufwändig.

Somit können wir festhalten: Unser Verhalten und das unserer Kunden ist das Ergebnis innerer Vorgänge und unserer inneren Bewertung. Diese erzeugt in uns einen inneren Zustand. Das Beeinflussen dieses Zustands – sowohl des unseren als auch dem des Kunden – nennen wir Zustandsmanagement.

Das Zustandsmanagement gewinnt daher für den gesamten Verkaufsprozess eine wichtige Bedeutung. Ganz gleich, ob ein Verkäufer dabei ist, eine Vertrauensbeziehung zum Kunden aufzubauen oder gerade Fragen stellt, den Produktnutzen präsentiert oder Einwände behandelt: In jeder Phase des Verkaufens wird unbewusst entscheidender Einfluss auf den emotionalen Zustand genommen. Darum sollte er die unbewussten Motiv-, Werte- und Emotionssysteme kennen. Setzen wir jetzt unsere Reise im Gehirn fort und erfahren wir endlich mehr über diese unterschiedlichen Systeme.

Die großen Drei: Was uns antreibt

Bisher haben wir von unbewussten Programmen, den Emotions-systemen, gesprochen. Doch wie sehen diese aus? Was treibt uns Men-schen an?

In den letzten Jahren hat es in der modernen Hirnforschung viele wichtige Erkenntnisse hierzu gegeben, die ein Licht darauf werfen, welche Systeme im Kopf existieren und wie sie zusammenspielen. Hans-Georg Häusel hat diese Erkenntnisse in mehrjährigen For-schungsarbeiten unter dem Namen Limbic® zu einem Emotions-Gesamtmodell verknüpft (siehe dazu auch www.nymphenburg.de).

Aufgabe der Emotionssysteme ist es, unser Überleben zu gewährleisten und für den Fortbestand unserer Spezies zu sorgen. Dabei geht es um:

- das Entdecken,
- das Erobern neuer Lebensräume und
- das Bewahren des Erreichten.

Auf dieser Basis hat Hans-Georg Häusel die folgende Einteilung vor-genommen.

Das Balance-System: „Vermeide jede Veränderung"

Kunden, bei denen das Balance-System die stärkste Kraft ist, lieben die Ordnung und die Stabilität. Ziel ist es, jede Gefahr zu vermeiden, Ge-wohntes beizubehalten, keine Störungen und Unsicherheit zuzulassen sowie die vorhandenen Energiepotenziale bestmöglich einzuteilen und nicht nutzlos zu verschwenden.

Wenn dies gewährleistet ist, wird der Mensch mit positiven Gefühlen wie etwa Sicherheit und Geborgenheit belohnt. Tritt das nicht ein, durchlebt er Furcht und Angst. Der Hintergrund: Alle Emotions-systeme haben immer eine Lust- und eine Unlustseite. Eine detaillierte Darstellung dazu lesen Sie im nächsten Abschnitt.

Wenn bei einem Kunden das Balance-System überwiegend vorherrscht, dann bedeutet dies für das Verkaufsgespräch, dass Sie ruhig präsentieren, Sicherheit geben, Zuverlässigkeit zeigen und das Gespräch einfach und übersichtlich strukturieren sollten.

Von Vorteil ist es, wenn Sie sich auf die lange Tradition Ihres Produkts beziehen, die lange Haltbarkeit als Argument nennen, Garantien aussprechen, den zuverlässigen Service, die Qualität, die Berechenbarkeit der Zusammenarbeit und die persönliche Beziehung betonen. Zudem sollten Sie, wenn möglich, Testergebnisse und Referenzen vorlegen.

Ein wesentliches Element im Balance-System ist das *Bindungs- und Fürsorgemodul*. Ziel dieses Moduls ist zum Beispiel, das Überleben der Nachkommen zu sichern. Da die Überlebenschancen steigen, wenn die Nachkommenschaft in eine soziale Gruppe eingebettet ist, gewinnen die Familie, der Partner oder sonstige soziale Gruppen an Bedeutung. Das Bindungs- und Fürsorgemodul hat sich so weit entwickelt, dass es sich nicht nur auf Babys bezieht, sondern sich auch auf die ganze Familie und sogar auf Tiere ausgeweitet hat. Es gibt uns ein gutes Gefühl, wenn wir anderen helfen oder etwas Gutes für andere tun können. Harmonie und Herzlichkeit sind hier zu Hause. Um dieses Modul für den Verkaufsprozess zu aktivieren können Sie Folgendes tun: Bauen Sie ein freundschaftliches Verhältnis auf, zeigen Sie Menschlichkeit, berichten Sie von zufriedenen Anwendern. Bequemlichkeit ist Trumpf. Ihre persönliche Erfahrung überzeugt. Und bringen Sie Ihre Gefühle in das Gespräch mit dem Kunden ein. Kommen wir jetzt zu dem zweiten großen Emotionssystem.

Das Stimulanz-System: „Sei anders"

Ziel ist es, nach neuen unbekannten Reizen zu suchen, Neues zu entdecken und zu erforschen, ausgetretene Pfade zu verlassen, anders zu sein als andere. Wird dies nicht erreicht, entsteht Langeweile. Menschen mit diesem bevorzugten Emotionssystem sind meist ausgesprochene Individualisten, die Wert legen auf Spaß, Freude und Begeisterung.

Für den Verkauf bedeutet das: Bieten Sie diesen Kunden Neues, Einzigartiges und Überraschendes. Sorgen Sie für eine unerwartete Belohnung des Stimulanz-Systems, etwa durch eine außergewöhnliche Präsentation. Zeigen Sie die neuesten Trends auf oder überzeugen Sie durch technische Innovationen. Erzeugen Sie die Vorfreude auf eine lustvolle Erwartung, um am Türsteher vorbei zu kommen und im Großhirn den nötigen Impuls zum Kauf auszulösen. Bieten Sie dem Interessenten einen Erlebniseinkauf. Senden Sie ihm einen Newsletter zu und laden sie ihn zu einem tollen Event ein.

Und: Bewundern Sie diesen Kunden ruhig, das wird ihn stimulieren. Ausgefallene Designs sind angesagt. Erzeugen Sie bei Ihrer Präsentation Bilder. Helfen Sie dem stimulanzorientierten Menschen, seine Vision zu verwirklichen. Seien Sie nicht kleinkariert und detailverliebt. Schauen wir uns nun noch das dritte große Emotionssystem an.

Das Dominanz-System: „Sei besser als die anderen"

Ziel ist es, Macht auszuweiten, nach oben zu streben, sich im Wettbewerb durchzusetzen, besser zu sein als andere, autonom zu bleiben und aktiv zu sein. Wird das erreicht, winken Gefühle wie Stolz und Überlegenheit als Belohnung.

Kunden, bei denen dieses Emotionssystem vorherrscht, erreichen Sie am besten, indem Sie Nutzen wie Stärke und Schnelligkeit versprechen. Zeigen Sie auf, dass und wie Ihr Produkt oder Ihre Dienstleistung zu Effizienz und Leistungssteigerung führen. Ihr Kunde wird zu den Gewinnern gehören, wenn er kauft. Laden Sie den Kunden zu VIP-Events ein, weisen sie nach, wie er durch den Kauf selbst zu einem VIP wird.

Nennen Sie beeindruckende Zahlen, lassen Sie den Kunden Professionalität erleben. Geben Sie ihm das Gefühl von Überlegenheit, ein Sieges- und Siegergefühl. Kommen Sie schnell auf den Punkt und vermeiden Sie Ausschweifungen. Punkten Sie mit fundiertem Wissen und wissenschaftlich bewiesenen Aussagen.

Nun kennen Sie die drei Emotionssysteme, die – das sei ausdrücklich betont – bei jedem Menschen sehr individuell ausgeprägt sind. Sie sind bei jedem Menschen vorhanden – aber eben in unterschiedlichem Ausprägungsgrad. Abbildung 6 zeigt, durch welche Gefühle die drei Emotionssysteme bestimmt werden.

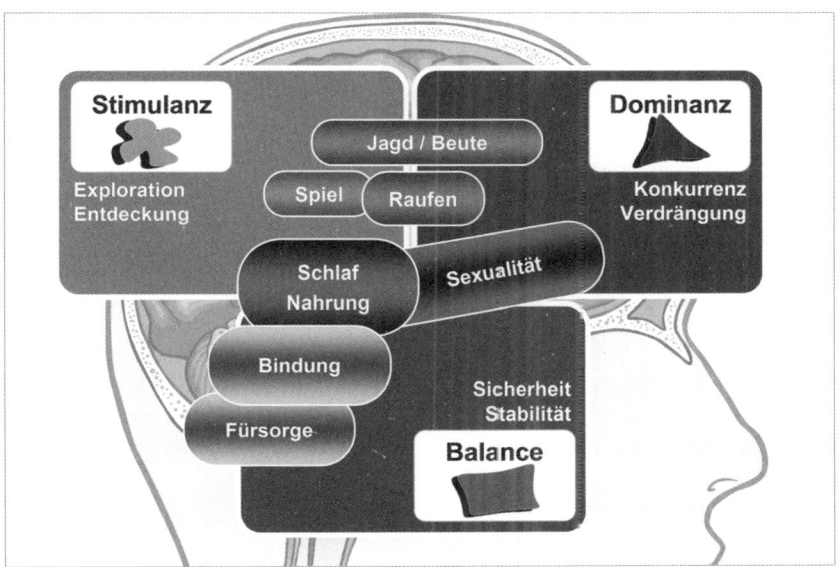

Abb. 6: Die drei Emotionssysteme Stimulanz, Dominanz und Balance.

Nun sollten Sie noch wissen, dass diese drei Emotionssysteme nicht unabhängig voneinander arbeiten. Wir haben:

- zwei optimistische Motivsysteme: Das Stimulanz- und Dominanz-System sind aktivierende und optimistische Systeme im Kopf des Kunden. Sie motivieren uns zur Aktion. Sie fordern zur Risikobereitschaft auf.

- ein pessimistisches System: Das Balance-System mahnt uns zur Vorsicht und zur Sparsamkeit. Es ist der Gegenspieler der optimistischen Systeme. So entstehen andauernd Machtkämpfe in unserem und im Kopf des Kunden, wobei diese Kämpfe beim Kunden die Kaufentscheidungen unbewusst beeinflussen.

Wie aus Abbildung 6 ersichtlich ist, gibt es noch einige weitere Module, die uns helfen, unsere Lebensaufgabe besser zu erfüllen und unser Überleben zu sichern. Da sie ihren Platz auf der Limbic® Map haben, möchte ich sie hier kurz nennen. Es betrifft die Sexualität, das Spielen, Raufen, und die Jagd/Beute sowie die sogenannten Vitalbedürfnisse wie Nahrung, Schlaf und Atmung.

Das Bewusstsein als Legitimator

Jetzt kennen Sie die Auswirkungen der „großen Drei". Sie wissen, wie sie zu erreichen sind und was Sie brauchen, um im Bewusstsein des Kunden die Zustimmung zum Kauf – und die Begründung durch den Regierungssprecher – zu erhalten. Wenn Sie die Emotionssysteme mit den richtigen Instruktionen füttern, kommt dem Bewusstsein nur noch die Aufgabe des „Legitimators" zu. Es muss die bereits emotionale und unbewusst getroffene Entscheidung jetzt nur noch verkünden – obwohl es am Entscheidungsprozess nicht beteiligt war. Wie genau dies alles im Verkaufsprozess zusammenspielt, lesen Sie im Kapitel „Erfolgreich mit Kunden umgehen".

Frust oder Lust: Der Motor, der uns voranbringt

Um für uns richtige Entscheidungen zu treffen, brauchen wir Hinweise, was überhaupt richtig oder falsch ist, wovon wir mithin „mehr haben wollen" oder was wir „lieber bleiben lassen". Jedes Emotionssystem verfügt über ein (positives) Belohnungssystem und ein (negatives) Vermeidungssystem. So belohnt uns das Dominanz-System mit Stolz und Machtgefühl, das Stimulanz-System mit Freude und dem Gefühl von Abwechslung und das Balance-System mit den Gefühlen von Sicherheit und Geborgenheit.

Auf der anderen Seite versucht das Dominanz-System Ärger und Machtlosigkeit zu vermeiden, das Stimulanz-System wehrt sich gegen Langeweile und das Balance-System will keine Angst und Unsicherheit aufkommen lassen (siehe Abbildung 7).

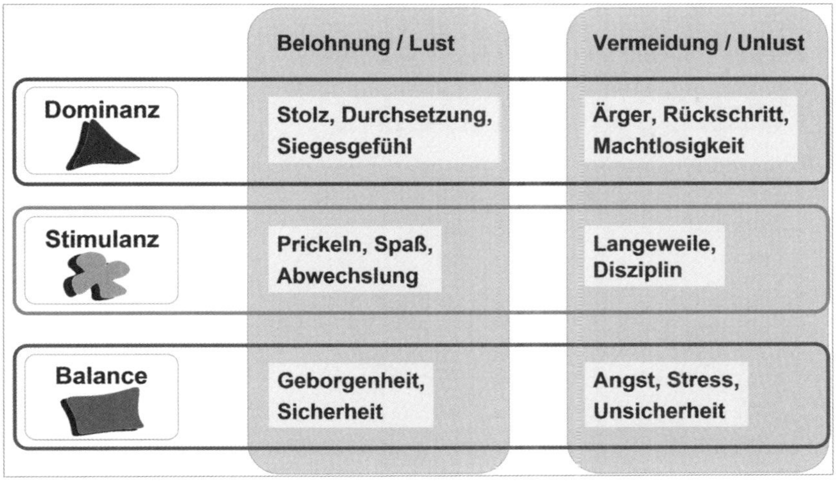

	Belohnung / Lust	Vermeidung / Unlust
Dominanz	Stolz, Durchsetzung, Siegesgefühl	Ärger, Rückschritt, Machtlosigkeit
Stimulanz	Prickeln, Spaß, Abwechslung	Langeweile, Disziplin
Balance	Geborgenheit, Sicherheit	Angst, Stress, Unsicherheit

Abb. 7: Die Emotionssysteme und ihr jeweiliges Belohnungs- und Vermeidungs-system.

Für Menschen, die im Verkauf tätig sind, ist es also wichtig, positive Emotionen zu maximieren, Lust und Belohnung zu steigern, aber auch negative Emotionen zu minimieren, um Unlust zu vermeiden – das verdeutlicht Abbildung 8. Da für unser Gehirn negative Emotionen oft bedeutender sind als positive, muss das Ziel sein, möglichst wenige negative Emotionen auszulösen oder diese mit geeigneten positiven Emotionen überzukompensieren. Denn auch die Vermeidung oder auch Erleichterung von Unlust wird von unserem Gehirn oft als Belohnung empfunden.

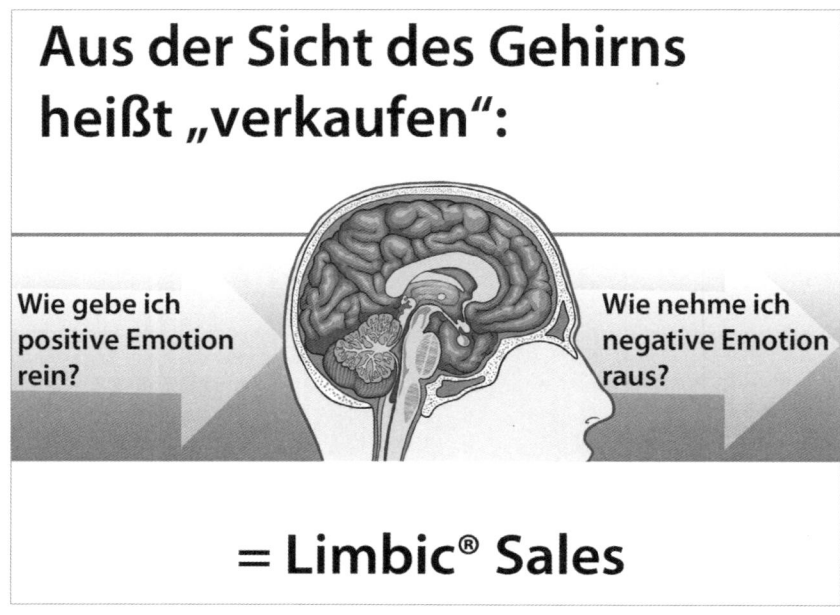

Aus der Sicht des Gehirns heißt „verkaufen":

Wie gebe ich positive Emotion rein?

Wie nehme ich negative Emotion raus?

= Limbic® Sales

Abb. 8: Für unser Gehirn bedeutet Limbic® Sales: positive Emotionen hinein-geben und negative herausnehmen.

Wie Sie diese Prinzipien nutzen können, um Ihre Beratungs- und Verkaufsgespräche zu optimieren, wird in den folgenden Kapiteln ausführlich beschrieben.

Doch eine der wirkungsvollsten Möglichkeiten, Negatives in Positives zu verwandeln, möchte ich bereits an dieser Stelle vorstellen. Es geht darum, wie Sie schnell den Fokus Ihres Kunden vom Minus ins Plus lenken können – probieren Sie es gleich aus.

Limbic® Sales-Praxistipp

Wenn der Kunde negative Aussagen vorträgt, versuchen Sie, mit dem folgenden Sprachmuster die positive Seite aufzuzeigen bzw. mit mehreren positiven Nutzen die Negativaussage überzukompensieren: „Es geht doch nicht (nur) um ..., sondern es geht doch (auch) um ..."

Beispiel „zu teuer":

„Es geht doch nicht nur um den Preis, sondern es geht doch darum, was Ihnen das Produkt bringt. Es geht doch um ..." Jetzt folgen mehrere Nutzen, welche sich auf das jeweilige bevorzugte Emotionssystem des Kunden beziehen.

Die Landkarte der Emotionen, Motive und Werte: Die Limbic® Map

Hans-Georg Häusels Ziel bei der Entwicklung der Limbic® Map war es, ein Modell zu schaffen, das verständlich und nachvollziehbar darstellt, was im Kopf des Kunden wirklich vorgeht. Die Limbic® Map verknüpft die drei Emotionssysteme mit Werten. Sie ist damit ein ideales Instrument, um die Kaufentscheidungen des Kunden transparent zu machen. So können wir im Verkauf über Werte und Motive die Emotionssysteme direkt ansprechen und den Kunden emotional erreichen.

Deshalb sind auch die Werte unserer Kunden von großer Bedeutung. Werte sind Standards, an denen eigenes und fremdes Verhalten gemessen wird. Doch was haben Werte mit Emotionen und Motiven zu tun? Die Antwort: Werte haben immer einen emotionalen Kern. Und dieser Kern gibt den Werten einen Wert!

Die Limbic® Werte wurden durch Tests von der Gruppe Nymphenburg ermittelt und auf der Limbic® Map den Emotionssystemen zugeordnet. So ist zu erkennen, dass auch Werte im Gehirn einen relativ klaren Platz haben. Und das heißt: Die Limbic® Map zeigt, wie Emotionen und Werte zusammenspielen.

Wie wir bereits wissen, sind die drei großen Emotionssysteme und ihre Submodule meist gleichzeitig aktiv. Deshalb gibt es Mischungen. Auf der Limbic® Map sind auch die sonstigen Module als Kreise und Ellipsen eingetragen, sodass jene Mischformen oder auch Kombinationen entstehen:

- Aus der Kombination von Dominanz mit Stimulanz entsteht *Abenteuer/Thrill*. Bei dieser Kombination gilt es Neues zu entdecken (Stimulanz) und sich zu beweisen (Dominanz).

- Aus der Kombination von Balance und Stimulanz entsteht *Fantasie/Genuss*. Das Stimulanz-System sucht nach dem Neuen und neuen Genüssen. Doch das Balance-System behindert es bei dieser Suche und bremst es aus. So wird eher ein passives „Auf-sich-zukommen-lassen" daraus. Hier wird auch eher geträumt und fantasiert.

- Aus der Kombination von Balance und Dominanz entsteht *Disziplin/Kontrolle*. Denn das Balance-System will, dass alles stabil und beim Alten bleibt; es will Ordnung haben und nichts verändern. Das Dominanz-System jedoch strebt danach, Macht über das Geschehen zu gewinnen und die Spielregeln zu bestimmen.

So ergibt sich eine komplexe und differenzierte Landkarte unserer Emotionssysteme – die Limbic® Map, wie Sie sie in Abbildung 9 finden.

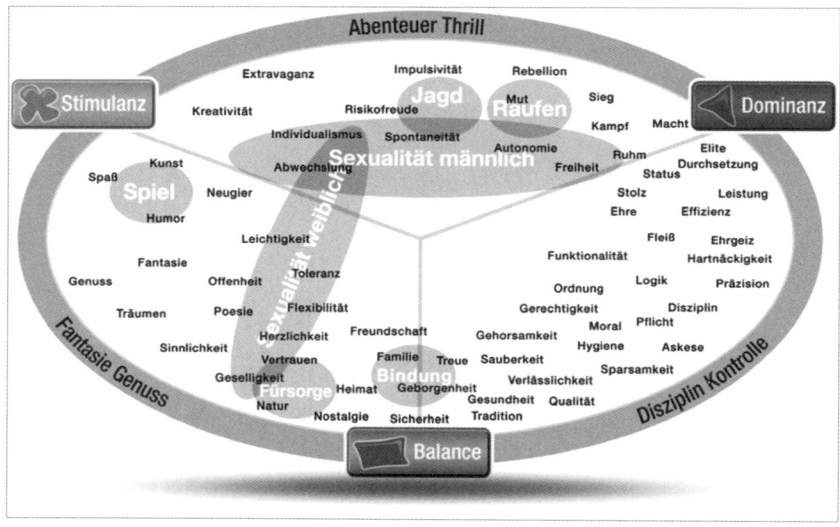

Abb. 9: Die Limbic® Map von Hans-Georg Häusel veranschaulicht Emotionen.

Nachdem Sie nun die Logik der Limbic® Map kennen, können wir die wissenschaftlichen Ergebnisse der neuen Gehirnforschung auf die Verkaufspraxis übertragen. Die Begriffe auf der Limbic® Map beschreiben nicht nur die Wertewelt des Kunden. Die Werte (Motive) können idealerweise auch in unseren Verkaufsgesprächen und Verhandlungen mit den Kunden eingesetzt werden. Aufgrund der Kenntnis der Kunden-Werte lässt sich eine kundenorientierte Verkaufsstrategie festlegen. Und dann ist es Ihnen möglich, Ihre Argumente und Nutzen werteorientiert zu untermauern und somit noch erfolgreicher emotional zu verkaufen.

Sicher sind Sie nun neugierig geworden, welche limbischen Präferenzen Sie selbst haben. Wenn Sie mögen, können Sie jetzt Ihr eigenes limbisches Profil in einem Selbsttest ermitteln.

Selbsttest: Entdecken Sie Ihr eigenes Limbic® Profil

Wir haben bisher gesehen, dass unsere Emotionssysteme großen Einfluss auf unsere Entscheidungen und unsere Persönlichkeit nehmen. Um sich selbst besser einschätzen zu können, finden Sie hier einen Test, der Ihnen Hinweise auf Ihre Präferenzen gibt. Beachten Sie: Es ist kein wissenschaftlicher Persönlichkeitstest. Dafür steht hier nicht genügend Platz zur Verfügung. Dieser Check kann Ihnen aber Anhaltspunkte über Ihr persönliches limbisches Profil geben und wurde wiederum von Hans-Georg Häusel für eine schnelle Ersteinschätzung entwickelt. Wenn Sie einen ausführlichen „Limbic® Personality Test" wünschen, können Sie diesen gerne von uns erstellen lassen. Weitere Infos hierzu finden Sie unter www.intem.de/limbictest.

Starten Sie jetzt mit Ihrem Kurztest. Bitte beantworten Sie die Fragen ehrlich und ohne lange zu überlegen. Die Auswertung des Testes erfolgt im Anschluss.

Kurztest: Limbische Instruktionen (nach Dr. Hans-Georg Häusel)

	Bitte ankreuzen	Ja	Nein
A	Ich kann mir meine Zeit recht gut einteilen, sodass ich meine Angelegenheiten rechtzeitig beende.		
B	Neuen und schwierigen Situationen gehe ich gerne aus dem Weg.		
C	Ich gehe gerne auf Partys und Veranstaltungen, um neue Leute kennenzulernen.		
A	Ich habe klare Ziele und arbeite hart, um diese Ziele zu erreichen.		
B	Wenn ich an die Zukunft unserer Welt denke, mache ich mir manchmal Sorgen.		
C	Ich würde gerne mal in der Tiefsee tauchen.		
A	In Teams werde ich meist ungeduldig, weil es mir zu langsam vorangeht.		
B	Horoskope und Wahrsager haben oft recht.		
C	Ich ziehe mich so an, wie es mir passt, auch wenn andere es für verrückt halten.		
A	Um das zu bekommen, was ich will, bin ich notfalls bereit, Menschen zu manipulieren.		
B	Wenn ich einen Fehler mache, suche ich zuerst die Schuld bei mir.		
C	Ich probiere oft neue und fremde Speisen aus.		
A	Wenn ich mir etwas vorgenommen habe, das mir nicht gelingt, setze ich alles daran, es doch noch zu schaffen.		
B	Meine Familie und mein Freundeskreis sind mir das Wichtigste im Leben.		
C	Ich führe ein abwechslungsreiches Leben.		

	Bitte ankreuzen	Ja	Nein
A	Es ärgert mich, wenn andere besser sind als ich.		
B	Bei der Wahl meiner Ziele bin ich lieber etwas vorsichtiger, als zu große Risiken einzugehen.		
C	Ich bin ein sehr aktiver Mensch.		
A	Wenn mir etwas gelungen ist, bin ich nicht lange zufrieden und versuche, beim nächsten Mal noch mehr zu schaffen.		
B	Ich versuche, zu allen zuvorkommend und freundlich zu sein.		
C	Ich habe Spaß daran, mich mit Theorien oder abstrakten Ideen zu beschäftigen.		
A	Es gelingt mir meistens, andere von meiner Meinung zu überzeugen.		
B	Konflikte oder Streits zwischen Kollegen spüre ich früher als die anderen.		
C	Mein Alltag ist voller Dinge, die mich interessieren.		
A	Auch vor einer schwierigen Aufgabe rechne ich immer damit, mein Ziel zu erreichen.		
B	Im Privat- wie im Arbeitsleben muss für mich möglichst alles seine Ordnung haben.		
C	Wenn ich nichts zu tun habe, fühle ich mich nicht wohl.		
A	Ich setze mich auch gegen Widerstände durch.		
B	In einer Gruppe überlasse ich die Führung gerne anderen.		
C	Es würde mir Spaß machen, als Astronaut zum Mond zu fliegen.		
A	Wenn in einer Gruppe Entscheidungen getroffen werden, habe ich immer wesentlichen Anteil daran.		
B	Ich gehe regelmäßig zum Arzt, um mich untersuchen zu lassen.		

	Bitte ankreuzen	Ja	Nein
C	Wenn ich wüsste, dass ich durch „Stoffe" neuartige, ungewöhnliche Erlebnisse haben könnte, würde ich sie nehmen.		
A	Für mich ist nur eine Berufstätigkeit interessant, bei der man es zu einer angesehenen Position bringen kann.		
B	Ich bin oft arg angespannt und an den Grenzen meiner Leistungsfähigkeit.		
C	Um etwas Neues auszuprobieren, gehe ich auch Risiken ein.		
A	Es ist mir wichtig, selbst zu bestimmen, wie ich meine Arbeit mache.		
B	Wenn andere ungerecht behandelt werden, rege ich mich ziemlich auf.		
C	Meinen Sommerurlaub verbringe ich nie am gleichen Ort.		
A	Ich bin fast immer Herr der Lage.		
B	Bei wichtigen Entscheidungen ist es gut, sich viel Zeit zu lassen.		
C	Ich liebe es, wenn es in meiner Arbeit so richtig rund geht.		
A	Wenn ich Erfolge habe, möchte ich das auch meiner Umwelt zeigen.		
B	Gartenarbeit und Blumenpflege gehören zu meinen liebsten Hobbys.		
C	Auf meinem Schreibtisch herrscht oft das blanke Chaos.		

Die Auswertung

Kommen wir zur Auswertung: Zählen Sie nach, wie oft Sie die Antworten „A", „B" und „C" angekreuzt haben und nutzen Sie die Abbildung 10, um Ihre individuellen Anteile an den drei Emotionssystemen zu errechnen. Angenommen, Sie haben dreimal die Antwort „A" gegeben, dann beträgt Ihr „Dominanzanteil Performer" 20 Prozent (3 × 100 : 15 = 20).

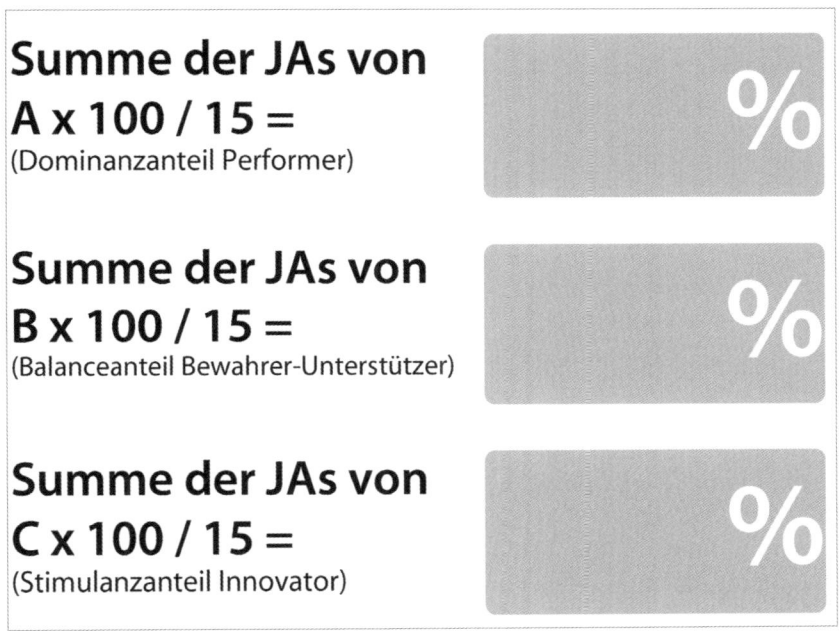

Summe der JAs von A x 100 / 15 =
(Dominanzanteil Performer)

Summe der JAs von B x 100 / 15 =
(Balanceanteil Bewahrer-Unterstützer)

Summe der JAs von C x 100 / 15 =
(Stimulanzanteil Innovator)

Abb. 10: Errechnen Sie Ihre Anteile an den Emotionssystemen.

Nachdem Sie nun einen ungefähren Schnellüberblick über die Verteilung Ihrer Emotionssysteme gewonnen haben, kommen wir zum ersten wichtigen Schritt auf Ihrem Weg zur größeren Kundenbegeisterung.

Dabei spielen neben dem Kunden zwei weitere wesentliche Faktoren eine Rolle: nämlich Sie selbst in Ihrer Eigenschaft als Verkäufer und Ihr Produkt oder Ihre Dienstleistung, welche Sie anbieten.

Um erfolgreich zu verkaufen, muss nicht nur das Produkt zu den Emotionssystemen des Kunden passen, sondern auch Ihre Person und Ihre persönliche Einstellung. Als Verkäufer müssen Sie vom Kunden als kompetenter, fairer und sympathischer Partner wahrgenommen werden. Alle von Ihnen ausgesandten Signale – sowohl auf der verbalen als auch auf der nonverbalen Ebene – werden von den Emotionssystemen empfangen, bewertet und ans Großhirn weitergegeben. Das hat zwei Konsequenzen:

- Sie selbst müssen als Persönlichkeit zur Wertewelt des Kunden passen.
- Und Sie müssen selbst von Ihren Produkten und Dienstleistungen überzeugt sein.

Wenn das der Fall ist, erscheinen Sie Ihrem Kunden glaubwürdig. Sie sind authentisch. Darum geht es jetzt im nächsten Teil. Wie schaffen wir es im Verkauf, uns in diese positive Motiv- und Wertewelt hineinzuversetzen? Lesen Sie jetzt, wie es Ihnen gelingen kann, erfolgreich mit sich selbst umzugehen. Entwickeln Sie Ihre eigenen wirkungsvollen Motivations- und Identifikationsstrategien.

Fazit

- Sie wissen jetzt, dass und wie 70 bis 80 Prozent unserer Entscheidungen emotional und unbewusst getroffen werden, und zwar im limbischen System, dem Sitz der drei großen Emotionssysteme.
- Darum müssen im Verkauf mit den Produkten und Dienstleistungen Emotionen ausgelöst werden, da sie ansonsten für das Kundengehirn wertlos sind.
- Verkäufer müssen den Kaufwunsch über die drei großen Emotionssysteme zielgerichtet wecken, verstärken und so bereits auf der unbewussten Ebene die Kaufentscheidung herbeiführen.
- Entscheidend ist mithin, positive Emotionen zu maximieren, Lust und Belohnung zu steigern, aber auch negative Emotionen zu minimieren, um Unlust zu vermeiden.

Erfolgreich mit sich selbst umgehen

In diesem Kapitel erfahren Sie:

- wie Sie sich zum Manager Ihrer eigenen Zustände entwickeln können,
- welche Rolle unsere Gedanken bei der Entstehung des Bildes spielen, das sich andere Menschen von uns machen,
- welche Funktion die Spiegelneuronen im Umgang mit sich selbst und anderen Menschen haben,
- wie Sie Ihre Emotionssysteme energetisch aufladen,
- wie Sie Ihre Träume realisieren und motivierende Ziele so formulieren, dass Ihnen die Zielerreichung leicht fällt,
- was Sie tun müssen, um den Identifikationsgrad mit Ihrer Tätigkeit, Ihrem Unternehmen und Ihren Produkten oder Dienstleistungen zu erhöhen, und
- dass Misserfolge eigentlich lösungsorientierte Feedbacks auf dem Weg zum Ziel sind.

Die Bedeutung unserer Gedanken

Es war Abend. Ein arbeitsreicher Tag ging zu Ende. Zu Hause angekommen griff meine Hand noch zur Fernbedienung – Fernseher an – zappen. Nach fünf Klicks hielt ich inne, und dann bekam ich folgenden Satz zu hören: „Stell dir alles vor, was du möchtest, und du kannst es haben. Doch wir sind noch nicht soweit." Es war eine Szene aus einem Science-Fiction-Film.

Sicher sind wir noch nicht so weit, alles zu bekommen, was wir uns vorstellen. Manche Wünsche bleiben unerfüllt. Wenn es aber um unsere Kommunikation mit anderen Menschen geht, kann es doch sein, dass das, was wir denken, fühlen und uns vorstellen, intuitiv die anderen erreicht. Die Erkenntnisse der Neurowissenschaft beweisen dies eindrücklich.

Wir erinnern uns: Der Kunde nimmt über seine fünf Sinne alles, was geschieht, wahr. Bevor die Wahrnehmungen ins Bewusstsein gelangen, werden sie von seinem Emotionssystem unbewusst gefiltert und bewertet. Hieraus folgen sein spontanes Verhalten, seine emotionalen Äußerungen.

Der Kunde nimmt nicht nur die Umwelt und unser Produkt wahr, sondern auch ganz bewusst – und vor allem auch unbewusst – uns selbst als Verkäufer und Mensch: unsere verbalen und nonverbalen Signale; unser Verhalten und vielleicht unsere Gedanken, Stärken, Ängste und Sorgen; was wir sagen und besonders, wie wir etwas sagen; was wir sehen und wie wir etwas ausstrahlen.

Gedanken – Aussagen über uns selbst

So werden unsere „Gedanken" zu Aussagen über uns. Denn unsere Gedanken werden ebenfalls von den gleichen Emotionssystemen gesteuert. Sie zeigen sich unserem Gegenüber durch unser spontanes Verhalten, bevor dann wenige Sekundenbruchteile später unser reflektiertes Verhalten den Kunden erreicht. Das ist der Grund, warum wir unsere Emotionssysteme in einen positiven Zustand bringen sollten. Es geht darum, mehr positive Emotionen zu aktivieren und möglichst viele negative Emotionen zu vermeiden oder sogar in positive umzuwandeln. Diesen Prozess nennen wir, wie wir bereits erfahren haben, Zustandsmanagement.

Nach meiner Auffassung sind wir jetzt beim wichtigsten Teil des Verkaufens angelangt. Verkaufstechniken kann man lernen. Aber sie sind nur dann wirkungsvoll, wenn wir sie verinnerlicht haben, wenn sie von unserem Emotionssystem „genehmigt" werden und mit unseren Werten übereinstimmen. Nicht nur die Verkaufstechnik entscheidet über unseren Verkaufserfolg. Ebenso entscheidend ist, was und wie wir über uns denken, über unser Produkt, über unseren Kunden, über den Markt, über …, über…, über …!

Zustandsmanagement und Verkaufserfolg

Das größte Geheimnis eines Spitzenverkäufers besteht nicht in einer noch besseren Gesprächstechnik und der Beherrschung der neuesten Verkaufstricks – entscheidend ist die Kunst, den eigenen Zustand zu beeinflussen und zu steuern. Wer in der Lage ist, sein Emotionssystem zu beeinflussen, kann die ihm wichtigen und richtigen Signale aussenden, bevor das reflektiert-bewusste Verhalten das Urteil des Gegenüber, des Kunden, festlegt.

Stellen Sie sich vor, ein Kundengespräch ist schlecht abgelaufen, der Kunde hat nicht gekauft, ist sogar unzufrieden. Sie sind niedergeschlagen, am Boden, „so richtig down": Wie läuft das nächste Gespräch ab, das nur wenig später nach dem Desaster stattfindet?

Wer seinen Zustand nicht beeinflussen kann, erlebt das nächste Desaster und bleibt unter seinen Möglichkeiten. Wer jedoch dazu in der Lage ist, kann auch nach der Absage eines Verkaufsangebots bei einem darauf folgenden Verkaufsgespräch wieder voll motiviert und engagiert agieren und sich dem Kunden empathisch zuwenden.

„Zustandsmanagern" ist es möglich, auch mit einem schwierigen Kunden, den sie nicht mögen, weil er immer wieder knallhart über den Preis verhandelt, auf Augenhöhe zu kommunizieren, oder in einer komplexen Verhandlungssituation die richtigen Ressourcen zu aktivieren, um das Emotionssystem des Gesprächspartners positiv zu stimmen. Vielleicht sind wir doch schon so weit, dass wir das, was wir uns vorstellen, auch bekommen können. Zumindest im Verkauf.

Schauen wir uns nun an, wie ein innerer Zustand in uns entsteht und wie er auf unser Verhalten wirkt, das von unserem Kunden wahrgenommen wird.

Übung 1: Nehmen Sie sich Zeit zum Nachdenken

- Gewiss können Sie jetzt schon einschätzen, welches Emotionssystem bei Ihnen vorherrscht. Sehen Sie einen Bezug zwischen Gedanken, die ganz typisch für Sie sind, und eben jenem Emotionssystem?
- Welche Bedeutung haben diese Gedanken für Ihren Verkaufserfolg?

Sie bestimmen die Realität

Es gibt Tage, an denen gelingt uns einfach alles. Unsere Verkaufsgespräche führen zu einem Abschluss nach dem anderen. Aber es gibt
auch Tage, da geht nichts, obwohl wir dieselbe Sache verkaufen. Oder
ist, wie oft vermutet wird, nur der Kunde schuld? Natürlich kann es
sein, dass der eine oder andere unser Produkt nicht braucht. Und es
kann auch sein, dass wir den Kunden emotional nicht erreichen können, weil wir seine Emotionssysteme nicht aktiviert haben, oder vielleicht deshalb, weil unser Emotionssystem falsche Signale ausgestrahlt
hat. Oder weil unser Verhalten unbewusst von unserem Kunden als
nicht zufriedenstellend bewertet und markiert wurde.

Schauen wir uns den hochkomplexen neuronalen Vorgang, der dabei
abläuft, in einer vereinfachten Darstellung an. Auch wir als Verkäufer
nehmen die Welt über unsere fünf Sinne wahr. Wir sehen, hören und
fühlen, riechen und schmecken. Jetzt erfolgt die Bewertung über unser
Emotionssystem. Diese Bewertung wird abgeglichen mit unseren Werten und den von uns aufgestellten Regeln über diese Werte. Dieser
komplexe Prozess läuft permanent ab und bringt uns in den jeweiligen
Zustand, der unser Verhalten steuert. Wie wir bereits festgestellt haben, geschieht dieser Prozess größtenteils unbewusst.

Ich möchte Sie jetzt einladen, etwas auszuprobieren. Führen Sie zwei
kleine Tests durch, bevor Sie weiterlesen.

Test 1: Schwelgen Sie in Ihrer Lieblingsmusik

Nehmen Sie jetzt bitte Ihren MP3-Player zur Hand und suchen Sie eines Ihrer Lieblingslieder aus. Wählen Sie eine Musik, zu der Sie gerne
tanzen. Oder noch besser: ein Stück, das in einem Ihrer schönsten Ur-
laube zu Ihrer Lieblingsmusik zählte. Machen Sie es sich bequem und
genießen Sie die Musik. Was passiert jetzt? Welche Erinnerungen werden wach? Stellt sich ein gutes, angenehmes Gefühl ein? Vielleicht sehen Sie sogar Bilder von einer damaligen schönen Situation? Oder
riechen und schmecken Sie sogar etwas? Bevor wir über die Auflösung

des Tests sprechen, möchte ich Sie zu einem weiteren „Selbstversuch" animieren.

Test 2: Mögen Sie Zitronensaft?

Schalten Sie Ihren MP3-Player bitte aus und machen Sie es sich wieder bequem. Stellen Sie sich jetzt vor, Sie nehmen eine Zitrone und schneiden diese in kleine Stücke. Schon beim Zerschneiden läuft der saure Zitronensaft über den Teller. Nun nehmen Sie Stück für Stück dieser saftigen Zitrone und beißen in das Fruchtfleisch, Sie saugen es aus. Sie essen gedanklich ein Stück, und noch ein Stück, und noch ein Stück. Der Saft der Zitrone ist in Ihrem Mund zu schmecken. Ganz intensiv. Was passiert jetzt? Welches Gefühl stellt sich bei Ihnen ein? Wie reagieren Sie?

Die Testauswertung

Vielen Dank für das Durchführen dieser kleinen Tests. Zu welchen Erkenntnissen führen sie? Schauen wir uns erst einmal den Musik-Test an: Sie wurden über die äußere Wahrnehmung der Musik in einen hoffentlich guten Zustand versetzt. Der Klang der Musik und die Melodie lösten ähnliche Emotionen wie früher aus. Ihr Unterbewusstsein hat diesen Zustand „von früher" ganz automatisch aufgerufen.

Eine ähnliche Erfahrung habe ich zu Hause gemacht. Um in Ruhe etwas ausarbeiten zu können, legte ich mir eine leichte Hintergrundmusik auf. Gerne höre ich dazu die CD „Watermark" der Sängerin Enya, weil ihre Musik den Raum mit einer sphärischen beflügelnden Atmosphäre erfüllt. Zufrieden betrachtete ich danach meine Arbeitsergebnisse und arbeitete mit Freude und voller Energie weiter. Ich war guter Stimmung und hoch motiviert. Anderntags legte ich versehentlich die Enya-CD „Only Time" ein. Ich arbeitete wie gewohnt und plötzlich verschwand meine gute Stimmung wie von Zauberhand. Ich fragte mich, warum sich meine Stimmung plötzlich so verändert hat und fand einfach keine rationale Begründung. Ich schob es auf das Thema – zu komplex. Doch es war eigentlich eine ähnliche Aufgabe wie am Tag zuvor. Was nur war anders?

Nun: Der Enya-Titel „Only time" läuft häufig in Videosequenzen oder Filmen, die den Terrorangriff vom 11. September 2001 auf das World Trade Center in New York zeigen, also eines der tragischsten und erschütternsten Ereignisse unserer Zeit. Unbewusst reagieren unsere Emotionssysteme und die abgespeicherten und bewerteten Erfahrungen auf diese Assoziationen an den Angriff, die sich einstellen, sobald „Only time" abgespielt wird. Sie bringen viele von uns in diesen negativen Zustand.

Als Fazit halten wir fest: Wir nehmen etwas über unsere fünf Sinne wahr (hier zum Beispiel über den akustischen Sinneskanal); daraufhin stellt sich der entsprechende emotionale Zustand ein.

Betrachten wir nun den zweiten Test. Wie war das mit der Zitrone? Auch hier werden die meisten von Ihnen einen Geschmack gehabt und ein Gefühl gespürt haben. Wahrscheinlich sauer oder bitter. Manch einem lief das Wasser im Munde zusammen. Ein anderer hat vielleicht sogar das Gesicht verzogen oder sich geschüttelt. Auch hier wurde eine Reaktion ausgelöst.

Doch worin besteht der Unterschied zu unserem ersten Test? Der Unterschied besteht darin, dass Sie beim Hören der Musik ein Außenreiz über das Ohr re-stimuliert hat. Die Musik war real. Sie haben etwas gehört. Daraufhin wurden Bilder und Gefühle ausgelöst. Aber wie war das bei der Zitrone? Ich nehme nicht an, dass Sie tatsächlich Zitronenscheiben geschnitten und gegessen haben. Oder?

Nein, die Zitrone war nicht real vorhanden. Es gab nur eine Beschreibung von ihr, sie existierte lediglich in Ihrer Vorstellung. Es war kein Außenreiz vorhanden, denn Sie haben nicht wirklich in die Zitrone gebissen. Die Wirkung stellte sich alleine durch Ihre Vorstellung ein. Hier lautet das Fazit also: Obwohl die Zitrone nicht real vorhanden war, stellte sich eine ähnliche Wirkung ein wie beim Beißen in eine echte Zitrone.

Denn: „Die Gedanken bestimmen entscheidend das Handeln." Das behauptet nicht irgendein Motivationsguru, der nach dem Motto „Alles ist möglich" die rosarote Wahrnehmungsbrille des unverbesserlichen Optimisten auf der Nase trägt. Das sagt der Sportpsychologe und Mentalcoach Hans-Dieter Hermann in einem Interview mit dem Magazin *Der Spiegel*, der als einer der führenden Sportpsychologen 2006 entscheidend zum Gelingen des „Fußball-WM-Sommermärchens" beigetragen hat.

Wahrnehmungen und Vorstellungen beeinflussen das Unterbewusstsein

Und das heißt: Unser Unterbewusstsein reagiert sowohl auf Außenreize, also unsere Wahrnehmung, als auch auf unsere Vorstellungen, also Gedanken, und führt uns in emotionale Zustände. Die entsprechenden Reaktionen zeigen sich jeweils in unserem spontanen Verhalten und danach in unserem reflektierten Verhalten. Die wichtigste Erkenntnis lautet daher: Unser Unterbewusstsein kann nicht zwischen Wirklichkeit und unserer Vorstellung unterscheiden. Es reagiert stets, als wäre beides Realität.

Hierzu eine kleine Geschichte aus dem Buch „Anleitung zum Unglücklichsein" von Paul Watzlawick. Ein Mann will ein Bild aufhängen. Den Nagel hat er, nicht aber den Hammer. Der Nachbar hat einen. Also beschließt der Mann, hinüberzugehen und ihn auszuborgen. Doch da kommt ihm ein Zweifel: Was, wenn der Nachbar ihm den Hammer nicht leihen will? Gestern schon grüßte er ihn nur so flüchtig. Vielleicht war er in Eile. Aber vielleicht war die Eile nur vorgeschützt, und er hat etwas gegen ihn. Und was? Er hat ihm nichts angetan; der bildet sich da etwas ein. Wenn jemand von ihm ein Werkzeug borgen wollte, er gäbe es ihm sofort. Und warum sein Nachbar nicht? Wie kann man einem Mitmenschen einen so einfachen Gefallen ausschlagen? Leute wie der Kerl vergiften einem das Leben. Und dann bildet der Nachbar sich noch ein, er sei auf ihn angewiesen. Bloß weil er einen Hammer hat. Jetzt reicht es ihm aber wirklich. Und so stürmt er hinüber, läutet, der Nachbar öffnet, doch noch bevor er

„Guten Morgen" sagen kann, schreit ihn der Mann an: „Sie können Ihren Hammer behalten, Sie Rüpel!"

Die Gedanken des Mannes in dieser Geschichte wurden zu „seiner" Realität. Diese Gedanken bestimmten seinen Zustand. Und der Zustand wiederum bestimmte schließlich sein Verhalten. Hierzu noch ein weiteres Beispiel. Bei einem psychologischen Versuch mit Studenten wurde folgende Aufgabe gestellt. Die eine Hälfte der Probanden sollte einen Bericht über das Leben älterer Leute schreiben. Die andere Hälfte schrieb über das Leben junger Leute. Die Studenten wussten nicht, dass der Bericht nicht die zu bewertende Aufgabe war. Die Wissenschaftler hatten ein ganz anderes Ziel vor Augen. Sie beobachteten die Probanden dabei, wie sie nach Abgabe ihrer Arbeit den Weg vom Vorlesungssaal den Flur entlang zum Fahrstuhl zurücklegten. Die Studenten mit der Aufgabe, die jungen Leute zu beschreiben, liefen fröhlich-locker und zügig den Flur entlang zum Fahrstuhl. Die andere Gruppe, kurz zuvor noch mit der Beschreibung der älteren Leute beschäftigt, ging langsam, ruhig und eher schleppend zum Fahrstuhl. Sie brauchte die doppelte Zeit, um dorthin zu gelangen.

Allein der Gedanke an das Thema, allein das Nachdenken und die Auseinandersetzung mit dem Thema haben zu einem bestimmten emotionalen Zustand geführt und auf das Verhalten der Studenten „abgefärbt".

Eine weitere wichtige Erkenntnis: Man konnte die Auswirkungen der Beschäftigung mit dem jeweiligen Thema von außen sehen und beobachten. Somit hat nicht nur das, was um uns geschieht, eine Wirkung auf unsere Emotionen, sondern gleichfalls das, was wir denken und glauben. Auch mit geschlossenen Augen – mithin ohne Außenwahrnehmung – lösen unsere Gedanken emotionale Zustände aus, die sich in unserem Verhalten ausdrücken.

Es klingt unglaublich: Auch Gedanken kann man sehen, hören und fühlen. Und da 70 bis 80 Prozent unserer Entscheidungen unbewusst getroffen werden, wird der Kunde oder unser Gesprächspartner dieses Verhalten unbewusst über seine Emotionssysteme bewerten – mit einem Plus oder einem Minus. Deshalb ist es so wichtig, was wir über uns selbst denken: etwa über den Verkauf, über den Kunden, über den Markt. Denn diese Gedanken strahlen aus, drücken sich in wahrnehmbarem Verhalten aus, kommen beim Kunden an, werden von ihm wahrgenommen und bewertet.

Und bedenken Sie: Erst wenn unsere Ausstrahlung beim Kunden eine positive Emotion auslöst, kommen wir am „Türsteher" vorbei. Erst dann kommen wir in die nächste Etage, in das Großhirn, wo jener Türsteher die getroffenen Entscheidungen rechtfertigen wird.

Durch diese Erkenntnisse erhalten der erste Eindruck und der letzte Eindruck, die wir beim Kunden hinterlassen, eine noch höhere Wertigkeit als bisher bekannt. Wichtig ist nicht nur unsere äußere Erscheinung, sondern unsere gesamte verbale und nonverbale Kommunikation. Unsere Gedankenhygiene wird zu einem der wichtigsten Bestandteile des Verkaufsprozesses.

Die Bedeutung der Glaubenssätze

Wir sollten unsere Emotionssysteme stets mit möglichst vielen positiven Impulsen ausstatten. Hinzu kommt: Wir müssen unsere Werte erkennen und für uns geltende Regeln aufstellen, die es uns leicht machen, sie zu leben, und es uns schwer machen, sie nicht zu leben.

Das zeigt das folgende Beispiel: Stellen Sie sich einen Verkäufer vor, der versucht, nach den folgenden Regeln und Glaubenssätzen, die er selbst aufgestellt und formuliert hat, zu arbeiten und zu leben:

* Jeder muss mich mögen.
* Verkäufer sind Türklinkenputzer.
* Ich bringe jedes Verkaufsgespräch zum Abschluss.

Dies sind Regeln, die aufgrund ihres absoluten Anspruchs kaum zu verwirklichen sind, denn es ist so gut wie unmöglich, dass ein Mensch von jedem gemocht wird und ein Verkäufer immer erfolgreich ist – auch, weil dabei Faktoren eine Rolle spielen, die der Verkäufer selbst nicht beeinflussen kann. Das Scheitern und die Enttäuschung sind mithin vorprogrammiert. Der Ausweg: Jeder Mensch sollte hilfreiche Regeln aufstellen, also Regeln, die seinem Zustand förderlich und die auch erreichbar sind:

- Ich bin offen und strahle eine positive Einstellung aus.
- Verkäufer sind ein wichtiger Teil unserer Marktwirtschaft.
- Ich gebe immer mein Bestes.

Diese Gedanken geben dem Emotionssystem die Möglichkeit, Erlebnisse positiv zu markieren und sich in einen positiven Zustand zu bringen.

Generell gibt es zwei Arten von Zuständen:

1. Zustände, die uns fördern und beflügeln; solche Zustände entstehen zum Beispiel durch Lob, Anerkennung, Freude, Sicherheit, Chancen, Spaß und positive Selbstüberzeugung.
2. Zustände, die uns hemmen und lähmen; diese entstehen etwa durch Angst, Unsicherheit, Wertekonflikte, Sorgen, Disstress und Überforderung.

Diese Zustände hängen von unserer inneren Bewertung ab, von unserem Fokus, von unserem Blickwinkel. Allerdings: Der Bewertungsprozess ist genetisch zu mehr als 50 Prozent vorbestimmt. Und unsere Bewertungen sind weiterhin durch Erfahrungen geprägt, die wir in der Kindheit gesammelt haben, etwa durch den Kontakt mit Eltern, Lehrern und Freunden, durch Fernsehkonsum und Lektüre. Wer nun Erfahrungen, die sich in hemmenden Glaubenssätzen verfestigt und manifestiert haben, verändern möchte, sollte mit der gleichen Strategie arbeiten, welche wir auch bei unseren Kunden anwenden, nämlich:

- mehr positive Emotionen hineingeben, und
- negative Emotionen herausnehmen, abschwächen oder positiv verändern.

Bevor ich Ihnen einige praktische Tipps und Anregungen gebe, wie Sie einen für Sie förderlichen Zustand erreichen, möchte ich Ihnen aufzeigen, warum eine positive Denkhaltung auch für Ihren Verkaufserfolg so wichtig ist.

Übung 2: Nehmen Sie sich Zeit zum Nachdenken

- Notieren Sie Ihre Glaubenssätze und grundsätzlichen Überzeugungen.
- Welchen Einfluss hatten Sie auf Ihr bisheriges Leben – insbesondere auf das berufliche?
- Welche der Glaubenssätze und Überzeugungen haben Sie eher behindert, welche haben Ihnen bei der Erreichung Ihrer Ziele eher geholfen?

Warum Kunden fühlen, was wir fühlen

Bei einem der letzten Boxkämpfe von Wladimir Klitschko gehörte auch ich zu den nächtlichen Fernsehzuschauern. Beide Boxer kämpften mit voller Kraft und hohem Engagement. Doch Klitschko gelang es nicht, seinen Gegner k.o. zu schlagen, obwohl er deutlich besser boxte. In den letzten Runden waren immer wieder Zuschauer zu sehen, die von ihren Plätzen aufsprangen und mitboxten. Es riss sie quasi von den Sitzen, sie schlugen Aufwärtshaken und powervolle Geraden, als ob sie selbst im Ring stünden. Sie erlebten den Boxkampf so, als ob sie selbst kämpfen würden. Und gewissermaßen taten sie das auch.

Denn spezielle Nervenzellen im Gehirn reagieren beim Beobachten der Aktionen so, als würde der Zuschauer die Aktion selbst ausführen, selbst im Ring stehen, selbst boxen. Es sind dieselben Nervenzellen (Neuronen), die aktiv sind, wenn wir selbst diese Handlung ausführen. Mit anderen Worten: Es sind die Spiegelneuronen, die dafür sorgen, dass Menschen möglicherweise selbst Schmerzen empfinden, wenn sie den Schmerz einer anderen Person miterleben.

Die Entdeckung der Spiegelneuronen – und die Auswirkungen

Giacomo Rizzolatti, Neurophysiologe an der Universität Parma und Entdecker der Spiegelneuronen, war 1995 bei Versuchen mit einem Affen auf diese Zelltypen gestoßen. Immer wenn der Affe nach einer Erdnuss griff, feuerten die Nervenzellen. Als aber einmal ein Forscher und nicht der Affe nach einer Erdnuss griff, feuerten die Nervenzellen des Affen trotzdem, ohne dass dieser auch nur eine Hand bewegte. Das Beobachten der Handlung genügte, um im Gehirn des Affen die gleichen neurobiologischen Vorgänge zu aktivieren, die sonst nur beim tatsächlichen Griff zur Nuss aktiv wurden.

Das war eine durchaus revolutionäre Entdeckung. Die Folge: Man erforschte das menschliche Gehirn nach Spiegelneuronen. Mittels eines Kernspintomographen ließ sich dieser Effekt auch bei Menschen nachweisen. Jetzt konnten Forscher erklären, warum das Lächeln und auch das Gähnen eine so ansteckende Wirkung haben und warum wir häufig das Verhalten anderer Menschen nachahmen, wir also das Gleiche tun wie andere. Es sind die Spiegelneuronen, die uns veranlassen, die Handlungen anderer zu imitieren. Darüber hinaus können wir die Emotionen anderer nachempfinden, ja, zuweilen sogar selbst empfinden.

Die Handlung anderer und deren Stimmungen aktivieren in uns die Neuronen, mit denen wir selbst handeln und fühlen. Der Freiburger Arzt Joachim Bauer beschreibt dieses Phänomen der Spiegelzellen ausführlich in seinem Buch „Warum ich fühle, was du fühlst". Er belegt wissenschaftlich, warum wir uns auf andere einschwingen und aufeinander reagieren. Ohne Spiegelneuronen gäbe es weder Intuition noch Empathie. Vertrauen wäre undenkbar, spontanes Verstehen unmöglich. Es ist sogar durchaus möglich, dass sie uns helfen zu verstehen, was andere mit ihrem Tun bezwecken.

Joachim Bauer zieht ein faszinierendes Fazit: Spiegelneuronen können in unserem Körper eine Handlung oder eine Empfindung hervorrufen oder aktivieren, wenn der gleiche Vorgang bei anderen Personen nur beobachtet wird. Ihre Resonanz setzt spontan und unwillkürlich ein, ohne dass es des Prozesses des Nachdenkens bedürfte. Spiegel-neuronen benutzen das neurobiologische Inventar des Beobachters, um ihn in einer Art innerer Simulation spüren zu lassen, was in anderen, die er beobachtet, vorgeht. Die Spiegelresonanz ist die neurobiologische Basis für spontanes intuitives Verstehen.

Wenn wir diese wissenschaftlichen Erkenntnisse auf unsere Verkaufs-welt beziehen, heißt das: Der Kunde empfängt emotional unsere Aus-strahlung. Diese wird durch unsere Gedanken bewertet und durch unser Emotionssystem erzeugt. Auf den Punkt gebracht: Unser Ge-sprächspartner hört nicht nur, was wir sagen oder ihm zeigen – er schätzt uns, unseren Sympathiefaktor und unsere Empathie auch intu-itiv ein.

Wie also können wir unser emotionales System so füttern, dass unsere Gedanken positiv und powervoll sind und einen förderlichen Zustand bewirken? Hier sind sie also – die praxiserprobten Tipps und An-regungen, wie Sie sich in einen positiven Zustand versetzen können, um vom Türsteher Ihrer Kunden durchgelassen zu werden.

Wie Sie Ihren Emotionssystemen Kraft verleihen

Wie können wir unsere eigenen positiven Emotionen puschen? Wie gelingt es, die negativen Emotionen herunterzufahren? Wie können wir dem Schlechten doch noch etwas Gutes abgewinnen? Sicher haben Sie selbst genügend Möglichkeiten entdeckt, um sich zu motivieren. Die folgenden Hinweise bieten keinen vollständigen, aber doch einen wirkungsvollen Überblick über die Chancen, wie wir unsere meist un-bewusst arbeitenden Emotionssysteme glücklich machen können.

Heute ist Ihr bester Tag: Leben Sie im Hier und Jetzt

„Genau genommen, leben sehr wenige Menschen in der Gegenwart. Die meisten bereiten sich vor, demnächst zu leben." Das sagte einst Jonathan Swift, der Autor von „Gullivers Reisen." Doch nur im „Heute" können Sie die Wege für Ihr „Morgen" pflastern. Und daher gilt: Heute ist Ihr bester Tag! Machen Sie daraus, was der beste Tag in Ihrem Leben verdient. Wenn Sie denken oder zu sich sagen: „Ich kann nicht", setzen Sie sich nur selbst Grenzen. Denken Sie an die Hummel: Sie hat eine Flügelfläche von nur 0,7 cm^2 bei 1,2 g Gewicht. Nach den bekannten Gesetzen der Aerodynamik und der Flugtechnik war es unmöglich, dass die Hummel bei diesem Verhältnis überhaupt fliegen kann – nur: Die Hummel weiß das nicht. Sie fliegt einfach.

Dieses Beispiel kennen sicher viele von Ihnen, aus allen möglichen Seminaren. Es ist allerdings nicht mehr richtig. Charles Ellington, Biomechaniker der Universität Cambridge, löste dieses Rätsel. Die Aerodynamiker hatten nämlich eines übersehen: Anders als bei Flugzeugen sind die Flügel von Insekten nicht starr sondern schlagen durch die Luft! Dadurch erzeugen sie ihren Auftrieb auf ganz andere Weise als Flugzeuge. Die Flügel der Insekten erzeugen kleine Luftwirbel, die zusätzlichen, bisher nicht berücksichtigten, Auftrieb geben. Das zeigt uns, dass es viele Wege und Lösungen gibt, wir sie aber manchmal einfach noch nicht kennen.

Zurück zu uns Menschen. Die Neurowissenschaften haben bewiesen, dass wir vieles erreichen können, wenn wir unsere Emotionssysteme richtig „füttern", ihnen also mehr positive Emotionen zur Verfügung stellen und negative Emotionen herausnehmen. So schaffen wir es, die selbstgesteckten Grenzen zu überwinden. Tag für Tag. Und darum ist es uns möglich, jeden Tag zu einem erlebnisreichen Tag zu machen. Gestalten Sie jeden Tag so, dass er zu einem Tag wird, an dem Sie die volle Verantwortung für das übernehmen, was Sie tun, zu einem Tag, an dem Sie aufhören, Entschuldigungen zu suchen.

Bitte denken Sie daran, dass gestern unwiederbringlich vorbei ist, gestern ist passé, gestern gibt es nicht mehr. Alles, was gestern war, haben Sie nicht mehr unter Kontrolle. Das Gestern lebt nur noch in Ihrer Erinnerung. Alles, was vergangen ist, kann nicht mehr geändert werden. Es ist also sinnlos, sich darüber aufzuregen, denn wenn Sie immer nur daran denken, wie es eigentlich hätte sein sollen, versetzen Sie sich in einen lähmenden Zustand – Sie blockieren sich selbst. Sie wissen doch: Verschüttete Milch bekommt man nicht zurück in die Kanne.

Da ist es schon besser, an morgen zu denken. Doch morgen ist der Tag, der auf heute folgt. Er hat noch nicht das Licht der Welt erblickt, er ist noch nicht geboren. Die Zukunft wird das bringen, was für Sie das Beste ist. Was morgen passiert, haben Sie heute noch nicht im Griff, auch die Zukunft können Sie nicht dadurch ändern, dass Sie sich Sorgen machen. Die meisten Sorgen sind unbegründet, und wenn Sie sich Sorgen zu häufig vorstellen, machen Sie sich ein Bild davon und ziehen so die Sorgen magisch an. Ein Zitat von Blaise Pascal lautet: „Wir halten uns niemals an die gegenwärtige Zeit. Wir nehmen die Zukunft voraus, da sie zu langsam kommt, gleichsam um ihren Lauf zu beschleunigen. Wir rufen die Vergangenheit zurück, um sie aufzuhalten."

Ganz gleich, was Sie denken und fühlen, gleich, wie Sie sich verhalten und handeln: Das Gestern und das Morgen sind nicht mehr oder noch nicht zu beeinflussen. Leben können Sie nur hier und heute, im Hier und Jetzt. Deshalb ist es wichtig, jeden Tag zum besten Tag zu machen, denn der heutige Tag ist der einzige, der in der Gegenwart liegt. Die Vergangenheit bietet uns lediglich Erinnerungen und die Zukunft nur Spekulationen. Die einzige Wirklichkeit liegt im gegenwärtigen Augenblick. Alles andere ist keine Realität. Alles andere ist Traumdenken. Alles andere ist verschenkte Zeit.

Leben und genießen Sie jeden Augenblick Ihres Lebens

„Carpe diem! Nutze den Tag!" – das sagten schon die Römer, das schrieb schon der römische Dichter Horaz vor über 2.000 Jahren. Auch wenn Sie sich Ziele für die Zukunft setzen: Leben können Sie sie nur heute. Die Chance, diese Ziele zu erreichen, besteht darin, heute etwas dafür zu tun. Die beste Zeit kommt nicht und die beste Zeit war nicht: Jetzt ist die beste Zeit.

Limbic® Sales-Praxistipp

Machen Sie sich Ihren Tag bewusst. Schreiben Sie sich am Ende jeden Tages drei Dinge in Ihren Terminplaner, die Sie als positiv erlebt haben. Denken Sie nicht nur daran, sondern schreiben Sie sie auf. Ihre Motivation wird so mit jedem Tag, jeder Woche, jedem Monat größer werden. Ein altes Sprichwort rät, jeden Tag mit einem Lächeln zu beenden. Wenn Sie dieses Sprichwort großzügig auslegen, dann könnten Sie sogar den Folgetag mit einem Lächeln beginnen.

Machen Sie sich ganz konkret den heutigen Tag bewusst und überlegen Sie, wie Sie den morgigen Tag wiederum zum besten „Heute" erheben können. Ich weiß, dass dieses Thema viele Teilnehmer in meinen Trainings immer wieder so begeistert, dass sie oft an Außenstehende die Empfehlung weitergeben, genauso zu verfahren. Doch es zählt nicht, was Sie anderen empfehlen, es zählt einzig und allein, was Sie selbst tun und dass Sie es tun, also handeln.

Es ist nicht nur wichtig, die Dinge richtig zu machen, sondern es ist noch wichtiger, die richtigen Dinge zu tun. Bestücken Sie Ihre Emotionssysteme mit den täglich notwendigen Pluspunkten. Lassen Sie uns jetzt noch weitere Powerknöpfe anschauen.

Das emotionale Warum: Warum freuen Sie sich heute?

Viele Menschen entscheiden bereits vor dem Aufstehen, dass es ein schlechter, schwerer oder anstrengender Tag werden wird. Doch warum entscheiden wir uns nicht für einen guten und erfolgreichen Tag?

Natürlich hält nicht jeder Tag nur gute Ereignisse für uns bereit. Es gibt sicher auch schwierige Situationen zu meistern. Wenn das so ist, dann freuen Sie sich doch darauf, dass *Sie* es sind, der diese schwierigen Situationen in Angriff nehmen und voranbringen und zu einer Lösung beitragen darf. Es geht nicht darum, *auf was* wir uns freuen, zum Beispiel auf das Büro, auf ein Verkaufsgespräch, auf den Feierabend oder ein gemeinsames Bierchen mit Freunden und Partner. Es geht um den Grund, das Motiv, den Wert, das *emotionale Warum*: „Warum freuen Sie sich auf das Büro oder auf ein bevorstehendes Verkaufsgespräch oder den Feierabend?

Stärken Sie Ihre Emotionssysteme

Bei der Suche nach Ihren Handlungsmotiven sollten Sie die verschiedenen Emotionssysteme berücksichtigen und auf Ihr individuelles emotionales Warum eingehen:

- Füttern Sie Ihr Stimulanz-System mit entsprechenden Motiven: Sie freuen sich auf etwas, weil Sie etwas Neues erleben und Spaß haben werden.

- Ihr Dominanz-System wird zufriedengestellt, wenn Sie etwas schnell weiterbringt oder weil Sie Anerkennung bekommen.

- Ihr Balance-System freut sich, wenn Sie Ihr sicheres Fachwissen unter Beweis stellen können oder wenn Sie sich als zuverlässiger Gesprächspartner präsentieren können, der gerne Beziehungen pflegt.

Mit diesen „Wert"-vollen Gedanken stärken Sie Ihre Emotionssysteme. Ihre Aufgabe ist, die für Sie richtigen und glaubhaften Überzeugungen aufzubauen. So können Sie sogar eine schwierige Verkaufssituation zu einem motivierenden und erfolgreichen Gespräch entwickeln. Wahrscheinlich werden Sie auch dann Ihr Bestes geben, wenn Sie:

- Ihre Argumente gut vorbereitet haben,

- ein zuverlässiger Partner sind,

- den Kunden in den Mittelpunkt stellen,

- mehrere neue Strategien für das Gespräch in der Hinterhand halten,

- die neuesten Trends kennen,

- den Verkauf zum Erlebniseinkauf machen,

- effizient und zielgerichtet präsentieren und

- professionell auftreten.

Freuen Sie sich also heute auf das nicht schwierige, sondern anspruchsvolle und herausfordernde Verkaufsgespräch. Natürlich wissen Sie nicht, wie es letztendlich verlaufen wird. Was aber ist die Alternative? Wenn wir bereits im Vorfeld negative Emotionen wie Angst, Sorge und Unsicherheit zulassen und aktiv aufbauen, wird unser Kunde dies womöglich merken. Unsere Worte und der Ton, die Gestik und Mimik und alle sonstigen verbalen und nonverbalen Signale werden vom Kunden über dessen Emotionssysteme unbewusst bewertet. Denken Sie an die Spiegelneuronen.

Jedoch mit den richtigen fördernden Emotionen und Werten senden Sie diejenigen positiven Signale aus, die Ihnen zu einem erfolgreichen Verkaufsgespräch verhelfen können. So bringen Sie sich mit Ihrem Gesprächspartner auf Augenhöhe. Und sollte er wider Erwarten doch nicht bei Ihnen kaufen, geht die Welt auch nicht unter. Die Hauptsache ist doch, dass Sie Ihr Bestes gegeben haben. Nehmen Sie es nicht zu tragisch.

Da er nicht gekauft hat und Sie dies auch nicht mehr ändern können – weil es eben so ist –, sollten Sie Ihre Denkhaltung ändern. Bleiben Sie in einem guten Zustand und halten Sie nach dem nächsten Kunden Ausschau, der es „wert" ist, Ihr Kunde zu werden.

Ihre Erfolge machen Sie noch erfolgreicher

Eine wichtige Aufgabe in unseren Trainings lautet: „Notieren Sie Ihre Erfolge und warum Sie glauben, diese erreicht zu haben. Welche Ihrer Stärken haben zu den Erfolgen beigetragen?"

Dann geschieht etwas Eigenartiges. Statt dass die Gesichter zu strahlen beginnen und der Kugelschreiber wie von selbst über das Papier huscht, ist bei vielen das Gegenteil zu beobachten: Der Blick verfinstert sich, das Schreibgerät ruht und das große Suchen im limbischen System und im Großhirn beginnt. Nach und nach füllt sich das Blatt mit einigen Erlebnissen.

Aber die Ausbeute ist meistens sehr überschaubar. Auf dem Blatt Papier finden sich nur wenige Erfolge. Natürlich gibt es im Laufe unseres Lebens und unseres Verkaufsdaseins viele Erfolge, die auf ganz unterschiedliche Gründe zurückzuführen sind. Leider sind sie bei vielen nicht sofort abrufbar. Sie schlummern in unserem Unterbewusstsein. Oft sind den Teilnehmern ihre Misserfolge und Schwächen mehr bewusst als ihre Erfolge und Stärken. Das müssen wir ändern. Wenn wir uns unserer Erfolge, Stärken und Werte andauernd bewusst sind, stärkt das unsere Emotionssysteme und bringt uns in einen powervollen Zustand. Mein Tipp dazu:

Führen Sie ein Erfolgstagebuch

Schreiben Sie Ihre Erfolge kontinuierlich auf. Wenn Sie im Laufe der Zeit 10, 20 ,50 oder mehr als 100 Erfolgserlebnisse notiert haben, können Sie Ihre Emotionssysteme wie mit einem Energiedrink sofort auf 100 Prozent hochfahren – und das einfach, indem Sie Ihre Erfolge nachlesen. Das ist Doping für das limbische System. In welcher Form Sie Ihr Erfolgstagebuch führen, ist nicht entscheidend. Wichtig ist, dass Sie regelmäßig Ihre neuen Erfolgserlebnisse eintragen und sich diese immer wieder durchlesen. Wie in einem guten Buch – Ihrem eigenen guten Buch.

Der Aufbau Ihres Erfolgstagebuchs

- Kapitel 1: Meine Erfolge
  1. im Leben
  2. im Verkauf
- Kapitel 2: Meine Stärken, die zu diesen Erfolgen führen
- Kapitel 3: Meine Werte und Überzeugungen

Dazu ein Beispiel: Sie haben ein verloren geglaubtes Verkaufsgespräch doch noch positiv zu Ende gebracht. Das führt zu dem folgenden Eintrag im *ersten Kapitel*:

- „Bei den Verhandlungen mit der Firma XY konnte ich innerhalb von zwei Wochen ein abgelehntes Angebot doch zu einem erfolgreichen Abschluss bringen."

Einige Seiten weiter, im *zweiten Kapitel*, notieren Sie jetzt Ihre Stärken. Dabei ist Ihre persönliche Einschätzung gefragt:

- Ich war flexibel und gut vorbereitet.
- Ich hatte neue Ideen.
- Ich war hartnäckig.
- Ich habe neue Informationen zu dem Kunden gesammelt.
- Ich habe Sicherheit ausgestrahlt.

Im *dritten Kapitel* notieren Sie Ihre Werte und/oder Überzeugungen.

- Überzeugungskraft
- Flexibilität
- Durchsetzungsvermögen
- Kreativität

So ähnlich verfahren Sie jetzt immer, wenn Sie einen Erfolg verbuchen können. Wichtig dabei ist, dass wir nicht nur unsere größten Erfolge eintragen. Auch kleinere Erfolge sind Balsam für unsere Emotionssysteme.

Sie sehen: Mit Ihrem persönlichen Erfolgstagebuch haben Sie sofort Zugriff auf einen guten Zustand und können Ihrem Tag die für Sie richtige Bedeutung geben.

Haben Sie einen Traum – aber träumen Sie nicht

Ein großer Motor, der uns antreibt und unseren Emotionssystemen Flügel verleiht, sind Träume, Wünsche oder eine Vision. Träumen ist nicht schlecht. Doch besser ist, wenn wir unsere Träume Wirklichkeit werden lassen, um so unsere Ziele zu erreichen.

Neurowissenschaftliche Forschungen haben festgestellt, dass unser Gehirn Geschichten liebt und wir eher erfolgreich sind, wenn wir unsere fünf Sinne gleichzeitig aktivieren. Das wird uns später, wenn es um das Verkaufsgespräch geht, noch genauer beschäftigen. In diesem Kapitel stehen wir selbst im Mittelpunkt. Wichtig ist, unsere Träume auch zu realisieren. Legen Sie sich dazu ein Wunschalbum zu. Schreiben Sie dort all Ihre Wünsche, Träume und Ihre Vision nieder. Nutzen Sie dabei möglichst viele Sinnesorgane.

Gehen Sie kreativ an diese Aufgabe heran. Zeichnen Sie Ihre Gedanken auf. Malen Sie Bilder, auch wenn Sie kein begnadeter Künstler sind. Schneiden Sie die Bilder aus und fertigen Sie eine Collage an. Schreiben Sie Ihre Wunschsätze dazu. Gestalten Sie aus Ihren Wünschen eine kleine Geschichte. Beschreiben Sie Ihr Gefühl, wenn diese Wünsche in Erfüllung gehen. Was sehen Sie, was denken Sie, was fühlen Sie? Wie fühlt es sich an? Vielleicht können Sie die eine oder andere Seite Ihres Wunschalbums noch beduften.

Seien Sie also erfinderisch. Unser Bewusstsein weiß nicht, was uns unbewusst antreibt. Darum können Sie nicht gezielt vorgehen. Investieren Sie so viel Kreativität, Innovationsreichtum und Antriebskraft wie möglich. Am besten hängen Sie das Ergebnis – also Ihre Collage, Ihr Bild – auf, sodass Sie es täglich sehen, lesen und Ihr Gefühl aktivieren können. Lassen Sie sich inspirieren und führen, damit aus Ihren Träumen und Wünschen Wirklichkeit wird. So richten Sie ganz gezielt Ihren Fokus auf das, was Sie wollen, und vermeiden es, sich auf das zu konzentrieren, was Sie nicht wollen. Viele Menschen sind leider immer noch zu fixiert auf das, was sie nicht wollen. Das gilt auch für manche Verkäufer. Deren Erfolgsbilanz sieht entsprechend duster aus.

Nachdem Sie Ihre Wünsche, Träume und auch Ihre Vision aufbereitet haben, können Sie noch einiges mehr tun, damit diese sich auch verwirklichen. Der Satz „Träume sind Schäume" ist Ihnen sicher bekannt, dennoch gibt es konkrete Wege, das Gewünschte zu erreichen. Sie sollten jetzt Ziele definieren, die Sie auf die Überholspur bringen, damit Ihre Gedanken Wirklichkeit werden. Die Ziele müssen so formuliert und so interessant gestaltet sein, dass Sie sich gerne auf den Weg zur Zielerreichung begeben und nicht zweifelnd stehen bleiben. Ganz im Sinne des alten Spruchs „Nimm die Dinge so, wie sie kommen, aber sorge dafür, dass sie so kommen, wie du sie haben möchtest."

Erfolgreich motivierende Ziele verfolgen

Wie können Sie alle Ihre Fähigkeiten auf eine wirksame und zielgerichtete Weise entfalten? Wenn Sie den Gipfel des Erfolges erklimmen wollen und sich Ihren Rucksack und Ihre Bergsteigerausrüstung zusammenstellen, müssen Sie mit Ihren Werkzeugen auch umgehen können. Ansonsten sind sie wertlos. Sie müssen wissen, wie Sie Ihren Eispickel einsetzen, wie Sie mit dem Hammer eine Sicherungsöse einschlagen, wie Sie sich anseilen und die richtigen Knoten anbringen können, um sicher an Ihr Ziel zu gelangen. Wenn Sie das alles nicht beherrschen, nutzt Ihnen die beste Ausrüstung nichts. Und so verhält es sich auch mit den Zielen. Gut verankerte und präzise in Angriff genommene Ziele setzen Kräfte frei, die zur Zielerreichung führen.

Fragen Sie sich darum: *Was will ich?* Wenn Sie im Verkauf permanent unter Druck und Stress arbeiten oder vielleicht nicht ganz zufrieden sind, dann ändert dies nichts an der Tatsache, dass Sie Ihre Arbeitsleistung dennoch erbringen müssen – es sei denn, Sie wechseln Ihren Beruf. Deshalb: Ändern Sie Ihre Einstellung oder Ihren Weg. Konzentrieren Sie sich nicht auf die Probleme, sondern sehen Sie eine Chance in ihnen. Eine Chance, die Ihnen hilft, Ihr Ziel zu erreichen. Betrachten Sie die Chance als Herausforderung und leiten Sie daraus Ihr Ziel ab. Werden Sie zum Spitzenverkäufer, der seine Arbeit selbst steuert, im Griff hat und überblickt, der gerne arbeitet und seine selbst gesteckten Ziele erreicht.

Werden Sie zum Regisseur Ihres Lebens

Träumen Sie nicht Ihr Leben – leben Sie Ihren Traum. Erfüllen Sie sich Ihre Wünsche, denn Ziele resultieren aus Wünschen und Träumen. Darum: Nehmen Sie jetzt Ihr Wunschalbum zur Hand. „Drehen" Sie einen Wunschfilm über alles, was Sie möchten. Werden Sie Ihr eigener Regisseur. Drehen Sie einen inneren Film über Ihr eigenes zukünftiges Leben. Schaffen Sie sich eine angenehme Atmosphäre und tun Sie alles, was notwendig ist, damit Sie sich rundum wohlfühlen. Das Ziel besteht darin, für Ihre Wünsche Wege zu suchen, für die Sie sich später eine Ziele-Landkarte anlegen können.

Nachdem Sie es sich bequem gemacht haben, träumen Sie los. Alles ist möglich, es gibt keine Grenzen. Bleiben Sie aber trotzdem realistisch, schalten Sie den gesunden Menschenverstand ein.

Und dennoch: Es gibt nichts, was Sie einschränken soll und kann. Stellen Sie sich vor, dass sich Ihre Wünsche auf alle Fälle ganz sicher erfüllen werden. Nehmen Sie an, dass nichts schief gehen kann. Was würden Sie dann alles wollen? Was würden Sie unternehmen und wie würden Sie sich verhalten? Träumen Sie von allem, was Ihnen Spaß macht, was Sie interessiert und was Sie erreichen möchten. Beginnen Sie jetzt damit.

Wie Sie Ihre Ziele klar definieren

Nachdem Sie Ihre Wünsche und Träume notiert haben, gehen Sie daran, eine Ziele-Landkarte anzufertigen. Formulieren Sie Ihre Ziele mit Hilfe der folgenden Grundregeln:

1. Formulieren Sie alle Ihre Ziele positiv und konkret. Konzentrieren Sie sich auf das, was Sie möchten, und vergeuden Sie keine Zeit mit Dingen, die Sie nicht möchten. Prüfen Sie daher, ob Sie Ihre Zielformulierungen ohne die Wörtchen „nein", „nicht", „keine" und andere Verneinungen niedergeschrieben haben.

2. Definieren Sie Ihre klaren Ziele schriftlich. Versehen Sie Ihre Ziele mit messbaren Kriterien, an denen Sie erkennen, dass ein Ziel erreicht werden konnte. Vermeiden Sie Vergleiche wie „Ich möchte mehr als jetzt" oder „Ich möchte besser sein als vorher".

3. Ihre Ziele dürfen nur von Faktoren abhängig sein, die Sie selbst bestimmen und beeinflussen können.

4. Überlegen Sie, ob diese Ziele wirklich diejenigen sind, die Sie erreichen wollen.

5. Formulieren Sie Ihre Ziele so, als ob Sie sie bereits erreicht hätten, beispielsweise: „Ich bin …, ich habe …".

6. Beschreiben Sie Ihre Ziele anhand Ihrer Sinne. Schreiben Sie auf, was Sie sehen, hören und fühlen werden, wenn Sie Ihre Ziele erreicht haben.

Alles, was Sie erreichen wollen, müssen Sie erst innerlich für sich erleben. Darum: Nachdem Sie Ihre Ziele formuliert haben, stellen Sie sich das Ergebnis vor, welches Sie erreichen möchten. Prüfen Sie Ihre Ziele, überdenken Sie Ihre jetzige Situation und wie sie in Zukunft sein soll – notieren Sie auch dies. Vergleichen Sie Ihre Wunschziele mit der Realität.

Stellen Sie sich nun Ihre Ziele nochmals vor und halten Sie fest, was das Erreichen Ihrer Ziele sowohl Ihnen als auch anderen bringt, und was darauf folgt, wenn Sie Ihre Ziele erreicht haben. Danach überlegen Sie, warum es Ihnen wichtig ist, diese Ziele zu erreichen. Suchen Sie nach den Gründen, warum Sie diese Ziele erreichen wollen. Diese Motive werden dann zu Ihrem stärksten Antriebsmotor auf dem Weg zu Ihren Zielen.

Denken Sie über Ihr „Warum" nach, dann werden Sie immer auch das „Wie" finden. Das heißt: Wenn Ihre Motivation groß genug ist, wird sich immer auch ein Weg finden lassen, der zur Zielerreichung führt.

Übung 3: Die wichtigsten Schritte Ihres wirkungsvollen Zielprozesses

Gehen Sie folgendermaßen vor:

- Spüren Sie Ihre Wünsche und Träume auf und notieren Sie sie.
- Definieren Sie Ihre Ziele klar und deutlich und überprüfen Sie sie anhand der sechs Regeln für die Zielformulierung.
- Überlegen Sie, welche Ergebnisse Sie mit Ihren Zielen anstreben.
- Stellen Sie fest, warum Sie diese Ziele ansteuern und was sie Ihnen einbringen.

Es ist alles vorhanden: Aktivieren Sie es

Jetzt gehen Sie daran, jeden Wunsch einzeln und gezielt zu realisieren. Taugt Ihr Reisegepäck, um das Ziel zu erreichen? Überprüfen Sie dazu Ihre Ziele auf Ihre Wertigkeit und Wichtigkeit. Überlegen Sie, mit welchem Ziel Sie beginnen. Wenn Sie sich entschieden haben, erstellen Sie Ihren persönlichen Zielplan.

Die Fähigkeit, die eigenen Potenziale zu aktivieren, ist von Ihren Zielen abhängig. Denn je konkreter und stärker Ihre Ziele sind, desto besser werden Sie durch diese Fokussierung Ihre Potenziale entwickeln. Überlegen Sie, über welche Stärken, Eigenschaften und Fähigkeiten Sie verfügen, um diese Ziele anzugehen und welche Überzeugungen Ihnen dabei helfen. Überdenken Sie Ihre Einstellung, mit der Sie an das Ziel herangehen. Notieren Sie Ihre Stärken, die Ihnen behilflich sein können. Überlegen Sie, wo Sie solche Stärken und Potenziale schon einmal eingesetzt haben und bei welchen Gelegenheiten Sie erfolgreich waren. Welche Ursachen lagen diesen Erfolgen zugrunde? Auf welche Stärke waren diese Erfolge aufgebaut? Schreiben Sie auf, was und wie Sie es getan haben. Vielleicht liegen Ihre Stärken im Kontakt- und Beziehungsbereich. Oder es ist Ihre Kreativität oder Ihr Durchsetzungsvermögen. Auf jeden Fall gilt: Das sind die Potenziale, die Sie aktivieren müssen.

Weiterhin überlegen Sie bitte: Wer und was kann Ihnen helfen und wie sehen diese Hilfen aus? Gleich, ob es Ihr Vorgesetzter, der Personalchef, der Vorstand oder Ihr/e Partner/in ist, ganz egal, ob es ein Training ist, das Sie besuchen, oder ein Gespräch, das Sie bei nächster Gelegenheit führen, ob Sie eine Aktion starten, eine Urlaubsvertretung übernehmen oder ob Sie ein neues, eigenes Vertriebskonzept entwickeln: Überlegen Sie stets, wer und was Ihnen von Nutzen sein kann, und schreiben Sie die Ergebnisse auf.

Programmieren Sie sich auf Erfolg!

Sie haben ja bereits die Methode kennengelernt, sich durch Ihr Kopfkino zum Regisseur Ihres Lebens zu entwickeln. Diese Methode nutzen Sie jetzt, um Ihr Wunschziel in Ihr Unterbewusstsein einzuprogrammieren und so in die Umsetzungsphase zu gelangen.

Wenn Sie verreisen, werden Sie vielleicht eine Kamera mitnehmen und von Ihrer Reise einen Film drehen, um ihn sich zu Hause anzuschauen. Da Sie bei der Herstellung des Films, der Ihre Ziele zum Thema hat, im Gegensatz zu einer beendeten Reise Ihr Ziel noch nicht erreicht haben, bedienen Sie sich eines kleinen Tricks: Sie springen quasi ans Ende der Reise – also zum Ziel. Sie überschreiten bereits jetzt die Ziellinie.

Stellen Sie sich also vor, Sie hätten Ihren Film bereits gedreht und würden ihn jetzt anschauen. Stellen Sie sich vor: Sie haben alles so gefilmt, wie es war, als Sie Ihr Ziel erreichten. Visualisieren Sie das Erreichen Ihres Ziels, legen Sie sich entspannt zurück, schließen Sie die Augen, machen Sie es sich gemütlich, hören Sie Musik, schaffen Sie sich eine angenehme Atmosphäre. Und nun schauen Sie sich den Tag an, an dem Sie alles erreicht haben. Wie sieht so ein idealer Tag aus?

Nutzen Sie dazu wiederum die sinnesspezifischen Vorstellungen, indem Sie sich umschauen und umhören, indem Sie fühlen, riechen und schmecken. Gestalten Sie Ihren Film farbenfroh, geben Sie ihm angenehme Töne, zoomen Sie die schönsten Bilder groß, beobachten Sie dabei genau alle Bewegungen. Wie würde dieser Tag aussehen? Wer wäre noch dabei? Wo würden Sie sein? Was würden Sie tun? Was könnten Sie tun? Welche Gefühle haben Sie dabei? Schauen Sie sich alles in Ruhe an. Es ist Ihr Tag, es ist der Tag, an dem Sie Ihr Ziel erreicht haben. Genießen Sie ihn.

Wenn ich Trainer ausbilde, arbeite ich ebenfalls mit solchen Zielfilmen. Wir malen uns zum Schluss dieser Visualisierung sogar ein Zielbild. Jeder Trainer erhält ein Flipchartblatt und gestaltet sein Zielbild so konkret wie möglich.

Diese Methode der Visualisierung, also des mentalen Trainings, ist im Spitzensport schon seit langem üblich. Man sagt, dass sich der Tennisspieler Michael Stich bei seinem Sieg in Wimbledon im Jahr 1991 ein klares Bild davon machte, wie er als Gewinner den Pokal empfangen und ihn triumphierend hoch halten würde.

Allerdings: Solch ein Zielbild nutzt Ihnen nichts mehr, wenn Sie es erst „kurz vor dem Aus" kreieren. Vielmehr muss es zu Beginn des Matches einprogrammiert werden, am Anfang des Weges. Ist es einmal programmiert, werden unser Unterbewusstsein und alle uns zur Verfügung stehenden Kräfte Tag und Nacht daran arbeiten, dieses Ziel zu erreichen. Hierbei benötigt unser Gehirn eindeutige Signale, die es verarbeiten kann, sowie intensive und positive Impulse, um alle Fähigkeiten und Ressourcen aktivieren zu können. Beginnen Sie jetzt mit Ihrer konkreten Ziel- und Zeitplanung:

- Gehen Sie gedanklich von Ihrem Ziel rückwärts und notieren Sie alles, was an Aktivitäten zur Erreichung des Zieles notwendig ist.
- Wenn Ihnen dies leichter fällt, verfahren Sie umgekehrt: Gehen Sie vom jetzigen Zeitpunkt aus schrittweise vorwärts bis zum festgelegten Termin, an dem Sie Ihr Ziel erreicht haben möchten.
- Wichtig ist stets, dass Sie Ihre geplanten Aktivitäten immer in Teilaktivitäten untergliedern, also in möglichst kleine Umsetzungsschritte.
- Setzen Sie sich Zieltermine und planen Sie Pufferzeiten ein.
- Fügen Sie für jeden einzelnen Schritt ein Erledigungsterminfeld ein, sodass Sie das Erreichen Ihres Zieles abhaken können.

- Beginnen Sie, jeden Ihrer einzelnen Schritte einzutragen.

Nachdem Sie die einzelnen Schritte für Ihre Ziele geplant haben, wissen Sie genau, was alles auf Sie zukommen wird. Lesen Sie Ihren Zeitplan noch einmal in Ruhe durch. Machen Sie sich bewusst, welchen Preis (etwa Zeit, Aufwand, Entbehrung, Aktivität) Sie für die Zielerreichung zahlen müssen.

Schließlich stellen Sie sich die entscheidende und wichtige Kontrollfrage: „Wenn ich all das tun muss (Weg), um meinen Wunsch/Traum zu erfüllen (Ziel), lohnt sich dieses Ziel dann noch? Motiviert mich dieses Ziel noch, lohnt es sich noch, sich dafür anzustrengen?"

Wenn Sie diese Frage mit einem Nein beantworten, überprüfen Sie Ihren Wunsch/Traum und Ihre Werte. Überlegen Sie, wie Sie Ihr Ziel ändern und anpassen können. Wenn Sie ein klares Ja auf Ihre Frage bekommen, lesen Sie weiter und starten Sie durch.

Die Umsetzung: Laufen Sie los!

Ein altes Sprichwort besagt: „Gewinnen fängt an mit Beginnen." Für Sie heißt das: Setzen Sie Ihre Planungen in die Tat um. Sie haben nun Ihre Ziele klar fixiert und sich auf die Zielerreichung programmiert. Was jetzt noch fehlt, ist die Bewegung in Richtung auf die Ziele. Sie haben die Ziele-Landkarte erstellt und Ihr Reisegepäck überprüft. Sie wissen, wie Sie Hindernisse aus dem Weg räumen, und Sie haben sogar schon den Videofilm gesehen, wie es ist, wenn Sie am Zielort ankommen. Das einzige, was Sie jetzt noch hindern könnte, wäre, dass Sie stehen bleiben. Sie müssen nur noch Ihre Wanderstiefel schnüren und loslaufen. Also, noch einmal:

- Nehmen Sie Ihre Ziele-Landkarte zur Hand (Zielplan).
- Schultern Sie Ihr Reisegepäck (Zielformulierung).
- Machen Sie sich auf den Weg, um das zu erreichen, was Sie vorher schon in Ihrem „Gedankenvideo" angeschaut haben.

- Kontrollieren Sie regelmäßig Ihre Zielerreichungsschritte. Setzen Sie sich Zwischenziele und überprüfen Sie diese.

- Vergessen Sie nicht, sich bei jedem erreichten Schritt zu belohnen. Jede noch so kleine Belohnung wird Ihre Motivation stärken.

Von Thomas Alva Edison stammt der Satz: „Erfolg hat nur, wer etwas tut, während er darauf wartet." Los geht's. Selbst eine Weltreise beginnt mit dem ersten Schritt. Wenn Sie Ihr Leben und Ihre Ziele nicht selbst planen, dann planen andere für Sie. Wenn Sie Ihre Pläne nicht umsetzen, dann werden Sie von anderen „verplant". Bestimmen Sie Ihre Ziele selbst. Leben Sie Ihren Traum und träumen Sie nicht Ihr Leben. Probieren Sie es aus.

Exkurs: Ein Praxisbeispiel

Vor mehr als 20 Jahren habe auch ich aus meinen Wünschen Ziele gemacht, diese Ziele konkret geplant und kontinuierlich umgesetzt. Heute sind bereits viele dieser Ziele verwirklicht.

Mein *größter Wunsch* war, Konzepte und Methoden zu entwickeln, die es anderen ermöglichen sollten, ihre Wünsche und Ziele zu realisieren und die Potenziale der Menschen zur Entfaltung zu bringen. Dieser Wunsch war so stark, dass ich ihn in die Realität umsetzte. Sicher was es riskant, wie immer, wenn man Neuland betritt. Aber ich wusste schon damals ganz genau, dass es funktionieren würde. Es war mir klar, dass ich alles daran setzen würde, um diesen Wunsch wahr werden zu lassen.

So war es vor 20 Jahren zwischen Weihnachten und Neujahr, als mein damaliger Geschäftspartner und ich uns drei Tage lang in der Pfalz im „Haardter Schloss" einquartierten, um aus jenem „größten Wunsch" ein konkretes Ziel abzuleiten. Ich beschloss in diesen drei Tagen, mein ideales Ziel zu planen und dieses in mein Unterbewusstsein einzuprogrammieren. Ich formulierte alle Wünsche und Vorstellungen so konkret wie möglich, schrieb sie in mein persönliches Planbuch und erstellte für mein Kopfkino meinen persönlichen Videofilm.

Es war in einer sternklaren, kühlen Nacht, als ich mich im Vorgarten des Schlosshotels in einen Pavillon setzte, von dem aus ein wunderbarer Blick ins Tal möglich war. Ich genoss die Ruhe, die klare Luft und den herrlichen Blick und fühlte mich rundum wohl. In dieser Atmosphäre ließ ich meinen Zielfilm ablaufen. Ich betrachtete all das, was ich in meine Gedanken aufgenommen hatte und malte es bunt und lebendig in schönen Farben und Bildern aus.

Ich sah damals schon das INtem-Trainerteam und den Ablauf der Trainings, die ich durchführen wollte, obwohl ich zu diesem Zeitpunkt noch kein einziges Training abgehalten hatte. Ich sah die Menschen, die mit mir in der Trainerorganisation arbeiten und gemeinsam mit mir dasselbe Ziel verfolgen würden. Obwohl noch kein schlüssiges Seminarkonzept entwickelt war, sah ich die Trainerausbildung ganz genau und hörte auch schon meine Rede, die ich bei unserer Weihnachtsfeier nach fünf Jahren vor dem gesamten Team halten würde.

All dies geschah nur in meiner Vorstellung. Doch es war bereits fest programmiert. All dies war damals so konkret, wie es heute eingetreten ist – ich sehe diesen Film heute noch so deutlich wie er damals in Gedanken ablief. Die folgenden Jahre waren eine Zeit voller Arbeit, mit Höhen und Tiefen, mit Rückschlägen und Erfolgen. Aber mein vorprogrammierter Zielfilm ließ mich immer wieder konsequent an meinen Zielen arbeiten. Es waren die innere emotionale Kraft und die hohe Motivation, die immer wieder neue Energie freisetzten und es mir erlaubten, auch nach einem Rückschlag ein Stück vorwärts zu gehen.

Viele der damals gesteckten Ziele habe ich erreicht. Die Kraft, sie zu erreichen, hat mir – wie bereits erwähnt – mein Zielfilm gegeben, den ich immer und immer wieder in meiner Vorstellung angeschaut und durchlebt habe. Ich erreichte nicht nur das, was ich mir für diese Zeit vorgenommen hatte, sondern noch viel mehr. Mein Zielplan motiviert mich täglich, auch meine weiteren Ziele zu erreichen und weiterhin erfolgreich mit Menschen zu arbeiten. Ich habe mich auf den Weg gemacht, um meine Wünsche zu realisieren. Und ich bin dankbar dafür, dass ich diese Chance nutzen konnte und genutzt habe.

Auch heute noch visualisiere ich mir täglich meine Ziele und gebe meinem Gehirn klare, präzise Anweisungen, diese in die Realität umzusetzen. Durch diese konkrete und eindeutige Zielsetzung kann mein Unterbewusstsein meine Gedanken und Handlungen so steuern, dass ich die gewünschten Ergebnisse auch tatsächlich erziele.

So erfolgreich kann es auch bei Ihnen ablaufen. Wenn Sie die Schritte der Zielerreichung konsequent durchführen und sich diese immer wieder ins Bewusstsein rufen, werden Sie damit erfolgreich sein. Sollte eines Ihrer Ziele darin bestehen, erfolgreich mit Menschen umzugehen und ein Spitzenverkäufer zu sein, werden Sie es auf diesem Wege auf eine leichte und spielerische Art erreichen. Sie werden Ihren Erfolgsweg Schritt für Schritt zurücklegen, bis Sie auf Ihrem Erfolgsberg angekommen sind.

Lassen Sie mich noch anmerken, dass ich an keinen Erfolgsgipfel, an keine Spitze des Erfolgs glaube. Erfolg ist nicht die Spitze eines Berges, sondern ein kontinuierlicher Weg. Erfolg muss immer wieder neu aufgebaut und erreicht werden – und jedes Erfolgserlebnis ist ein Stück Lebensqualität. Also: Erfolg ist ein kontinuierlicher Prozess.

Um Ihre Ziele zu erreichen, ist es wichtig, sich mit allem, was Sie tun, zu identifizieren. Es gibt den Ausspruch: „Wer das tut, was er liebt, wird nie mehr arbeiten." Das bedeutet nicht, dass wir nicht mehr unsere Arbeit tun. Im Gegenteil. Wenn wir uns mit dem, was wir tun, identifizieren, kann es sein, dass wir noch viel mehr arbeiten als bisher – aber wir empfinden es nicht mehr als Arbeit, weil wir es gerne tun. Und damit beeinflussen wir unsere Emotionssysteme positiv. Kommen wir also zu einem weiteren wichtigen Punkt. Lesen Sie, wie Sie durch Identifikation zum Spitzenverkäufer werden.

Durch Identifikation zum Verkaufserfolg

Es geschah bei einer geschäftlichen Einladung. Wir standen an kleinen Bistrotischen und unterhielten uns angeregt über alles Mögliche. So wurde ich Zeuge einer interessanten Begebenheit. Mein Gegenüber fragte meinen Nachbar, was er denn so beruflich mache. Die Antwort lautete: „Ich bin im Außendienst." Mein Visavis sagte: „Ach, dann sind Sie ja nur Verkäufer." Man konnte deutlich sehen, wie sich die gesamte Physiognomie meines Nachbarn veränderte. Die Gesichtzüge entgleisten, er ließ die Schultern nach unten fallen, und antwortete zaghaft und leise: „Ja, aber ein erfolgreicher." Allgemeines leises Lachen war die Folge. Für den „Verkäufer" war der Abend gelaufen.

Immer wieder treffe ich Verkäufer, die das Verkaufen mit „Türklinke putzen" vergleichen und nicht in der Lage sind, darin eine wichtige und wertvolle Aufgabe zu sehen. Sofort werden die negativen Knöpfe in ihren Emotionssystemen gedrückt. Die innere Einstellung wird im spontanen Verhalten sichtbar. Und deshalb ist es von immens großer Bedeutung, dass sich endlich auch der Verkäufer mit dem identifiziert, was er tut.

Erfolg durch Identifikation mit der Verkaufstätigkeit

Eine positive Ausstrahlung entsteht durch Selbstüberzeugung und durch Übereinstimmung zwischen dem, was Sie sind, und dem, was Sie tun, also durch Identität.

Spitzenverkäufer sind stolz auf ihren Beruf. Sie wissen, dass sie eine wertvolle Tätigkeit ausüben, weil sie ihren Kunden einen Nutzen stiften. Sie fühlen sich nicht als „Drücker". Spitzenverkäufer erreichen ihre Kunden emotional. Sie helfen ihren Kunden, ihre Ziele zu erreichen. Sie sind Einkaufsberater.

Erfolg durch Identifikation mit dem Kunden

Identifikation mit dem Kunden bedeutet, dessen Probleme und Sorgen ernst zu nehmen. Geben Sie in Ihrem Verkaufsgespräch nicht einfach nur ein Angebot ab – versuchen Sie zu ergründen, was Ihren Kunden bewegt, wo Sie eine Lösung für ihn finden, wo Sie ihm helfen können. Identifikation mit dem Kunden heißt, seine Wünsche zu erspüren. Sicherlich fällt Ihnen diese Identifikation bei Kunden, mit denen Sie sowieso gut auskommen, nicht schwer.

Aber wie sieht es mit den anderen aus? Mit den sogenannten Nörglern, Querulanten, Preisfeilschern, harten Brocken und unverschämten Kunden? Hier ist die Identifikationsarbeit nicht so einfach.

Erinnern Sie sich an die Limbic® Map im Kapitel über „Die Grundlagen des Limbic® Sales"? Ein Dominanz-Typ ist anders als ein Balance-Typ. Und ein Stimulanz-Typ ist ebenfalls anders als ein Balance-Typ. Das heißt aber nicht, dass der eine Kundentypus gut oder schlecht, besser oder schlechter ist als der andere. Sie sind eben nur anders. Wie genau wir mit diesen verschiedenen Kundentypen umgehen sollten, lesen Sie im nächsten Kapitel. Hier geht es darum, diese Unterschiede zu erkennen und jeden Kunden unvoreingenommen so zu akzeptieren, wie er ist.

Lernen Sie also, die Kunden so zu nehmen, wie sie sind. Akzeptieren Sie die „Eigenarten" Ihrer Kunden, auch wenn Sie sie persönlich nicht so mögen. Das bedeutet nicht, dass Sie Ihre Interessen nicht vertreten sollten. Im Gegenteil: Verfolgen Sie Ihre Ziele ganz konkret. Ihre Aufgabe ist es, den Verkaufsprozess sicher zu steuern und erfolgreich zu beenden, und zwar im Interesse des Kunden und in Ihrem eigenen.

Wenn es Ihnen gelingt, diese Einstellung zum Kunden aufzubauen, werden Sie locker und entspannt in Ihre Gespräche gehen. Ihre Ausstrahlung wird sich positiv verändern und Ihr Kunde wird Sie anders wahrnehmen. Denken Sie an die Wirkung der Spiegelneuronen. Da Sie den Kunden akzeptieren und respektieren, wird dieser Sie ebenfalls akzeptieren und respektieren. Diese Einstellung aufzubauen ist für manchen nicht so einfach. Aber man kann es lernen, wenn man will.

Übung 4: Ihr Umgang mit schwierigen Kunden

- Notieren Sie die Namen Ihrer vermeintlich schwierigen Kunden auf einem Blatt Papier. Nehmen Sie für jeden Kunden eine eigene Seite. Schreiben Sie alles auf, was Sie stört, behindert und negativ beeinflusst.
- Prüfen Sie auch, ob die Einschätzung, es handle sich um einen schwierigen Kunden, darauf zurückzuführen ist, dass sein beherrschendes Emotionssystem und Ihres nicht zueinander passen.
- Danach überlegen Sie, was an diesen Eigenschaften gut sein könnte. Sie wissen ja: Alles auf der Welt hat zwei Seiten. Warum hat Ihr Kunde sich so verhalten? Was bedeutet es für ihn? Bitten Sie, wenn möglich, Ihre Kollegen

oder auch einen Mitarbeiter des Kunden um eine Einschätzung, warum dieser Kunde so ist, wie er ist.

- Nehmen Sie den Kunden ernst und versuchen Sie zu verstehen, was ihn bewegt.
- Jetzt sollte es Ihnen möglich sein zu überlegen: Ist der Kunde vielleicht gar nicht „schwierig"? Liegt es (auch) an mir, dass wir nicht zueinander finden? Was muss ich an meiner Einstellung und Vorgehensweise verändern?
- Notieren Sie, wie Sie beim nächsten Kontakt mit dem Kunden vorgehen werden.

Erfolg durch Identifikation mit Ihrem Unternehmen

Viele Verkäufer bewegen sich in einem vorgegebenen Rahmen, den ihnen die Preis-, Marketing- und Kundenpolitik des Unternehmens setzt. Wie beurteilen Sie diesen Rahmen, auf den Sie relativ wenig Einfluss haben? Wie sehen Sie die Empfehlungen und Entscheidungen Ihres Arbeitsgebers oder Vertragspartners, dessen Produkte Sie verkaufen wollen und von dessen Verkaufserlös Sie leben? Tragen Sie sie mit oder sind Sie eher konträr eingestellt? Die Beantwortung dieser Fragen hilft Ihnen, den Identifikationsgrad einzuschätzen, der Ihr Verhältnis zu dem Unternehmen, für das Sie arbeiten, bestimmt.

Klar ist: Nicht immer können wir die Geschäfts-, Vertriebs- oder Preispolitik „unserer" Firma nachvollziehen und gutheißen. Denn eigentlich vertreten wir eine andere Auffassung. Aber ist es nicht immer so, dass Menschen unterschiedlicher Meinung sind? Vielleicht sollten wir alle etwas toleranter im Umgang mit anderen Meinungen sein.

Bevor die Geschäftsleitung sich zum Beispiel für eine bestimmte Vertriebspolitik entschieden hat, gab es sicherlich viele Überlegungen, Sitzungen und eine Menge komplexer Aspekte, die zu berücksichtigen waren. Kennen wir – kennen Sie als Verkäufer – all diese Bedingungen, die Grundlage für die eingeschlagene Richtung sind? Oftmals kennen wir sie nicht und kommen leichtfertig zu dem Urteil: „Das ist doch alles Mist, was die da wieder entschieden haben, die wissen ja gar nicht, was hier an der Kundenfront los ist."

So bildet sich eine Einstellung, die Sie über Ihr Unterbewusstsein in einen abwehrenden Zustand versetzt. Sie befinden sich in einem Minus-Zustand, der Sie daran hindert, Ihre Potenziale zu entfalten.

Überlegen Sie einmal: Wenn Sie selbst von den Unternehmungen Ihrer Firma nicht überzeugt sind, wie können Sie dann Ihren Kunden davon überzeugen? Wenn Sie die Preispolitik nicht gutheißen, dann kommt es schnell zu Gedanken oder gar Aussagen wie: „Wir sind immer teurer als alle anderen!" Sicherlich kann diese Aussage so nicht zutreffen, sonst könnte sich Ihr Unternehmen längst nicht mehr am Markt behaupten. Aber man ist schnell mit Pauschalurteilen bei der Hand, zu leicht wird generalisiert.

Es gibt in der Wirtschaft immer und überall „gute und schlechte Zeiten", also Zeiten, in denen unser Angebot gut ist, und Zeiten, in denen wir etwas ungünstiger liegen. Vermeiden Sie es also, zum „großen Generalisierer" zu werden, denn dann ist es fast unmöglich, zu einer Identifikation mit dem Arbeitgeber zu gelangen. Nutzen Sie dazu die folgenden Hinweise:

1. Hinterfragen Sie den vermeintlich negativen Aspekt, den Sie im Verhältnis zu „Ihrem Unternehmen" aufgebaut haben. Wie hat sich diese Meinung gebildet? Beruht Sie auf eigenen Erfahrungen oder ist sie zum Beispiel angelesen? Oder haben Sie eine bestimmte Ansicht auf eine unzulässige Weise verallgemeinert?
2. Fragen Sie sich und Ihre Kollegen, warum Kunden dennoch Geschäfte bei Ihnen abschließen. Worin liegen die Gründe und welche Vorteile sehen die Kunden darin, mit Ihrem Unternehmen zusammenzuarbeiten?
3. Wenn Kunden offensichtlich jene Vorteile haben: Ist es um Ihre Unternehmenspolitik wirklich so schlecht bestellt, wie Sie vielleicht denken?
4. Und dann stellen Sie sich die Frage: Kann ich mich mit meinem Unternehmen und meinem Arbeitgeber identifizieren?

Noch eine Bitte: Äußern Sie sich niemals in Gegenwart Ihrer Kunden negativ über Ihren Arbeitgeber oder Vertragspartner, wie zum Beispiel: „Das ist deren Preispolitik! Ich kann nichts dafür." Schuldzuweisungen und Schuldverteilung auf andere Schultern haben noch keinen Kunden beeindruckt. Welche Bilder entstehen durch solche Aussagen auf Kundenseite? Denken Sie an die Grundsätze des Erfolgs: Sprechen Sie ehrlich mit Ihrem Kunden und übernehmen Sie die volle Verantwortung für das, was Sie anbieten. Bauen Sie mit Ihrem Kunden eine gute Beziehung auf, damit es Ihnen leicht fällt, auch schwierige Situationen professionell zu meistern.

Erfolg durch Identifikation mit dem, was Sie verkaufen

Ob Sie nun ein Produkt oder eine Dienstleistung verkaufen: Sie sollten von dem, was Sie anbieten, voll und ganz überzeugt sein. Noch besser ist es, wenn Sie begeistert sind. Denn der Kunde sieht, hört und spürt Ihre Begeisterung – und dann kann sich Ihre Begeisterung auf ihn übertragen. Nur begeisterte Verkäufer können Kunden mitreißen und ebenfalls begeistern und ihr jeweiliges Emotionssystem stimulieren.

Denken Sie an den Satz von Hans-Georg Häusel: „Alles, was keine Emotionen auslöst, ist für unser Gehirn wertlos." Sie müssen den Kundenkontakt emotionalisieren, und das gelingt, wenn Sie selbst begeistert sind von dem, was Sie verkaufen.

Ganz ehrlich, manchmal habe auch ich schon bei einem begeisterten Verkäufer etwas gekauft, was ich ursprünglich gar nicht wollte. Einfach weil alles passte und ich dieses angenehme Gefühl genießen wollte. Ich bin sicher, dass dabei die Spiegelneuronen aktiv waren.

Übrigens: Das funktioniert auch bei Angeboten, die den Kunden tausende Euro kosten. Wenn der Verkäufer viele und vor allem die richtigen Verkaufsknöpfe der Kunden-Emotionssysteme drückt, wird so manche nachträglich legitimierte rationale Entscheidung emotional vorbestimmt.

Also: Machen Sie sich fachkundig. Bauen Sie innere Sicherheit auf. Kennen und lieben Sie Ihre Produkte. Erstellen Sie für sich eine Nutzenmatrix, in welcher Sie „tausend" Gründe auflisten, warum Sie von Ihren Produkten und Dienstleistungen überzeugt und begeistert sind.

Füttern Sie Ihre Emotionssysteme mit Kraftfutter für eine powervolle Denkweise und Ausstrahlung.

Sollten Sie trotzdem einmal Probleme bei der Identifikation mit Ihrem Produkt oder Ihrer Dienstleistung haben, probieren Sie die folgende Vorgehensweise aus:

Übung 5: Erhöhen Sie den Identifikationsgrad mit dem, was Sie verkaufen

1. Suchen Sie die Vorteile, die Sie aus den Angeboten Ihres Produkts oder Ihrer Dienstleistung ziehen können. Überzeugen Sie sich selbst davon, welchen Nutzen Sie davon haben, wenn Sie das Produkt verkaufen.
2. Dann bestimmen Sie die Vorteile und den Nutzen für Ihre Kunden. Jedes Produkt und jede Dienstleistung hat mehr als einen Kundenvorteil, sonst wäre es längst vom Markt verschwunden. Sammeln Sie mindestens zwanzig Vorteile für Ihre Kunden. Jetzt verfügen Sie über eine umfangreiche Vorteilsliste.
3. Überlegen Sie sich konkrete Situationen oder Konstellationen, in denen genau dieses Produkt von absolutem Vorteil ist. Es gibt immer Situationen, in denen es hundertprozentig passt.
4. Nutzen Sie die Chance, eventuelle Nachteile etwa eines Produkts „von der anderen Seite" zu sehen, also umzudeuten. Überlegen Sie sich die Vorteile, die sich aus dem „vermeintlichen" Nachteil ableiten lassen.

Ziel dieser Übung ist es, dass Sie selbst von dem, was Sie verkaufen, überzeugt sind und sich davon begeistern lassen. Ich kenne einige Verkäufer, bei denen die Augen funkeln und strahlen, sobald sie über ihr Produkt oder ihre Dienstleistung sprechen. Der ganze Körper drückt eine leidenschaftliche Überzeugung von der Qualität und dem Nutzen etwa des Produkts aus, sodass sich der Kunde von dieser Leidenschaft schnell anstecken und entzünden lässt.

Im persönlichen Gespräch gilt immer noch: Menschen kaufen von Menschen – auch wenn Sie Produkte oder Dienstleistungen kaufen. Senden Sie die richtigen emotionalen Impulse aus, damit Ihr Kunde gerne bei Ihnen kauft.

Wie Sie Misserfolge weiterbringen

Es gibt sicherlich immer wieder Gespräche oder Situationen, die nicht unserer Vorstellung entsprechend verlaufen und folglich als Misserfolg bewertet werden. Und zwar deshalb, weil kein Erfolg zu verbuchen war – wir geben dem Vorgang eine negative Wertung. Doch in Wirklichkeit gibt es keine Misserfolge. Neutral betrachtet, sind es ausschließlich Ergebnisse und/oder Resultate. Was wir falsch machen, ist kein Misserfolg, sondern nur ein erzieltes Ergebnis. Denn wir lernen aus Fehlern.

Etwas besser zu machen, setzt voraus zu erkennen, was falsch war. Ganz gleich, ob es eigene oder fremde Fehler sind – der gesamte Lernprozess ist auf dieser Erkenntnis aufgebaut. Was wir oftmals als Missergebnis empfinden, ist nur Feedback auf dem Weg zu unserem Ziel. Feedback, das nicht in die erwartete Richtung geht, bietet die Möglichkeit, unser Handeln zu korrigieren, um doch noch unser Ziel zu erreichen.

Versuchen Sie, diese wertneutrale Haltung zu Ihren Fehlern aufzubauen. Jeder Fehler ist Teil eines wichtigen Prozesses, denn wir lernen aus Erfahrungen. Dass von vielen Menschen jeder kleinste Fehler und Irrtum als Misserfolg angesehen wird, wirkt sich negativ auf die innere Einstellung aus. Aber die größte Einschränkung überhaupt ist die Furcht vor dem Misserfolg, die Furcht, zu versagen. Deshalb ist es wichtig, nicht in Problemen, sondern in Chancen und Lösungswegen zu denken. Erfolgreiche Menschen kennen das Wort Misserfolg nicht, sie gehen immer wieder neue Wege, um zum Erfolg zu gelangen. Der Erfolgreiche unterscheidet sich vom Erfolglosen nicht dadurch, dass er seltener „auf die Nase fällt", sondern dadurch, dass er häufiger wieder aufsteht.

Nehmen wir einmal an, dass ein Verkaufsmitarbeiter die Zielvereinbarung nicht erreicht hat und dadurch unter Stress gerät. Er hat sich eine gewisse Anzahl an Kaufabschlüssen erkämpft, aber das ändert nichts daran, dass er die Zielzahlen nicht erreicht hat. Er muss jetzt neue Aktivitäten planen und sein Handeln darauf einstellen. Die einfachste Möglichkeit besteht darin, sich jemanden zu suchen, der die

Zielvorgaben erreicht hat, dessen Aktionen zu überprüfen und herauszufinden, wie dieser Mitarbeiter vorgegangen ist, um erfolgreich zu sein. Man kann sich an eine erfolgreiche Strategie anhängen oder diese Strategie übernehmen.

Besser aber ist es, nicht jemanden nachzuahmen, sondern die volle Verantwortung für den Verkaufserfolg zu übernehmen und zu agieren. Solch ein Verkäufer wird sich rechtzeitig um Ideen und Strategien kümmern, um seinen Verkaufserfolg sicherzustellen. Er wird ein Verkaufskonzept erstellen und aktiv Termine vereinbaren, um der Verantwortung, die er übernommen hat, gerecht zu werden.

Vielleicht gab es auch in Ihrem Leben Misserfolge. Überlegen Sie, welche Begebenheiten Sie zu Ihren größten Misserfolgen rechnen. Nehmen Sie sich dazu einige Minuten Zeit und überlegen Sie, welche Erfahrungen Sie mit Hilfe der sogenannten schlimmsten Misserfolge Ihres Lebens gesammelt haben. Ich habe bewusst den Begriff „mit Hilfe" benutzt: Denn gehören diese Misserfolge vielleicht zu den wertvollsten Lektionen Ihres Lebens? Haben gerade sie Ihnen zu Wachstum, Weiterentwicklung und neuen Einsichten verholfen?

Sie sehen: Misserfolge sind vor allem Chancen, die uns weiterbringen. Streichen Sie darum das Wort „Misserfolg" aus Ihrem Wortschatz und ersetzen Sie es durch das Wort „Ergebnis" oder „Resultat". Seien Sie offen und lernen Sie aus diesen sogenannten Misserfolgen, sehen Sie sie als Feedbacks, die Ihnen helfen, Ihre Ziele zu erreichen. Wenn Sie nicht auf dem richtigen Weg zu Ihrem Ziel sind, ändern Sie Ihr Verhalten immer wieder, bis Sie mit den Ergebnissen zufrieden sind. Lernen Sie aus jeder Erfahrung.

Machen Sie es nicht wie viele Menschen: Sie tun immer dasselbe, erwarten aber andere Ergebnisse. Diese Gleichung kann nicht aufgehen. Wenn wir andere Ergebnisse wollen, müssen wir anders denken und anders handeln. Vielleicht kennen Sie den Ausspruch: „Wenn wir das tun, was wir schon immer getan haben, werden wir auch das bekommen, was wir schon immer bekommen haben." Ändern Sie alles, was Sie Ihren Zielen nicht näherbringt und lassen Sie sich nicht beirren, denn: Es gibt keine Misserfolge!

Wie Sie Probleme in Chancen umwandeln

Eine Lebensweisheit besagt: „Ein Pessimist sieht bei jeder Gelegenheit eine Schwierigkeit – ein Optimist sieht bei jeder Schwierigkeit eine Gelegenheit." Was können Sie tun, wenn Ihre Deutung eines Ereignisses oder Ihr Gedanke dennoch nicht positiv, sondern negativ ausfällt? Wie können Sie es ändern, wenn es kein „Misserfolg", sondern ein „echtes" Problem ist?

Wenn wir uns in Probleme verrennen, löst dies negative Emotionen aus. Unser Reptiliengehirn, die Amygdala im limbischen System, schüttet vermehrt Adrenalin aus. Dies bringt uns in einen lähmenden Zustand: Wir denken problemorientiert und können uns nicht auf die Lösung konzentrieren. Manch einer versinkt dann in Selbstmitleid und wartet einfach nur ab, was passiert. Daraus kann eine gefährliche Situation entstehen, die weitere negative Gedanken nach sich zieht. Oft setzt sich so eine Negativspirale in Gang: Probleme schaffen weitere Probleme, und es zieht uns weiter abwärts.

Diesen Teufelskreis müssen Sie durchbrechen. In jedem Problem steckt auch eine Chance – nämlich die Herausforderung, vom problemorientierten Denken zum lösungsorientierten Denken und Handeln zu gelangen. Dazu müssen Sie die folgenden Schritte gehen.

Vom problemorientierten Denken zum lösungsorientierten Handeln

Schritt 1 – Umformulierung
Besonders wichtig ist es, das Problem aus dem Kopf zu bekommen. Notieren Sie alles, was Ihnen zu Ihrem Problem einfällt. Lagern Sie es aus. Am besten auf Papier. Lesen Sie die Problembeschreibung nochmals. Beginnen Sie aber nicht mit „Mein Problem ist ...", sondern mit Ihrem Namen, also: „Das Problem von (hier tragen Sie Ihren Namen ein) ist ..." Ich selbst formuliere es meistens so: „Helmut Seßler glaubt, dass er folgendes Problem hat ..."

Schritt 2 – Inneres Erleben

Beschreiben Sie nun in wenigen kurzen Sätzen, was Ihnen bei dem Problem die größten „Zahnschmerzen" bereitet. Welche Ihrer Werte sind verletzt worden oder werden nicht erfüllt? Bringen Sie Ihr inneres Erleben auf den Punkt.

Schritt 3 – Worst Case

Notieren Sie jetzt, was schlimmstenfalls passieren kann. Was ist der mögliche Worst Case?

Schritt 4 – Akzeptanz zeigen

Nun kommen wir aus meiner Sicht zum wichtigsten Punkt. Viele Menschen, die ich kenne, versuchen jetzt alles Mögliche, damit der Worst Case nicht eintritt. Doch dies gelingt oftmals nicht, weil sie sich noch im negativen Zustand befinden. Ihr Fokus ist noch zu sehr auf das Problem gerichtet. Deshalb folgt jetzt der wichtigste Befreiungsschritt: Wenn es denn so ist, dann ist es eben so! *Akzeptieren Sie, dass es so kommen kann!* Ganz gleich, was auch passiert: Wenn es so schlimm kommt, dann hat es Sie eben so hart getroffen. Geben Sie sich die Freiheit, dies zuzulassen. Sicher klingt das etwas unkonventionell, aber wenn Sie es probieren, werden Sie merken, dass Sie so eine große Last abwerfen können. Das Wichtigste ist: Sie leben noch, auch wenn Sie, bildlich gesprochen, nackt dastehen *würden*. Die Betonung liegt auf „würden". Es muss ja nicht alles eintreffen, was Sie sich in Ihren Schreckensszenarien vorstellen. Aber wenn Sie die womöglich negativen Aspekte Ihres Problems von außen betrachten und akzeptieren, dass es so kommen könnte, werden Sie die innere Kraft spüren, die Sie motiviert, das Schlimmste, oder möglichst viel davon, abzuwenden. Ihr Kopf wird frei für mögliche Lösungen. Sie haben Platz geschaffen für in die Zukunft gerichtete Lösungsansätze.

Schritt 5 – Lösungsansätze formulieren

Jetzt ist Kreativität gefragt. Welchen Tipp würde Ihnen Ihr bester Freund geben, um die Lösung zu finden? Was würden Ihre erfolgreichen Kollegen in dieser Situation empfehlen? Wie würde Bill Gates die Sache angehen? Welche möglichen Lösungen kann es geben? Notieren Sie so viele Lösungsansätze wie möglich. Schreiben Sie selbst die verrücktesten Ideen auf. Es gilt schließlich etwas zu „ver-rücken".

Schritt 6 – Nicht alles ist schlecht

Notieren Sie auch alles, was bisher in diesem Zusammenhang bereits gut läuft.

Schritt 7 – Die beste Lösung

Entscheiden Sie jetzt, welches die besten Lösungsmöglichkeiten sind. Treffen Sie Ihre Entscheidung und schreiben Sie Ihre besten Lösungen nieder – und zwar in der Ich-Form.

Schritt 8 – Die Umsetzung

Tun Sie etwas für Ihre Lösung. Gehen Sie den ersten Schritt. Jetzt gleich – oder zumindest so schnell wie möglich. Legen Sie alle Kraft in die favorisierte Lösung. Geben Sie Ihr Bestes. Glauben Sie an sich. Nutzen Sie die Chance, sich aus der Negativspirale aus- und in die Positivspirale einzuklinken. Die Situation hat sich zwar noch nicht geändert, aber Ihr Zustandsmanagement. Sie befinden sich jetzt auf dem (problem-)lösungsorientierten Weg.

Auf Erfolgskurs

Wenn Sie zukünftig beim Umgang mit Problemen so vorgehen wie beschrieben, werden Sie feststellen, wie es immer einfacher wird, sich mit möglichen Lösungen zu beschäftigen. So bringen Sie Ihre Gedanken auf Kurs, auf Erfolgskurs. Puschen Sie Ihr Stimulanz- und Ihr Dominanz-System.

Zum Schluss noch zwei Nachrichten, eine gute und eine schlechte. Vielleicht die schlechte zuerst: Sie müssen es nur noch umsetzen. Und nun die Gute: Sie müssen es nur noch umsetzen. Also, beginnen Sie jetzt. Beschäftigen Sie sich dabei immer mit dem, was Sie erreichen wollen. Und nicht mit dem, was Sie nicht wollen.

Übung 6: Nehmen Sie sich Zeit zum Nachdenken

- Wie sind Sie bisher mit Ihren Misserfolgen umgegangen?
- Versuchen Sie, einen Ihrer letzten Misserfolge zu einem „Resultat", „Ergebnis" oder einem „Feedback auf dem Weg zum Ziel" umzudeuten.
- Berücksichtigen Sie dabei Ihr vorherrschendes Emotionssystem.

Leben Sie powervoll

Sie haben in diesem Kapitel viele Mental-Power-Strategien kennengelernt, mit denen Sie sich in einen Topzustand bringen und Ihre Emotionssysteme optimal bedienen können. Natürlich gibt es noch mehr Möglichkeiten, aber die hier dargestellten sind die meiner Meinung nach effektivsten. Allerdings nur dann, wenn Sie auch in die Umsetzung gelangen.

Natürlich ist es auch wichtig, genügend zu schlafen, sich richtig zu ernähren und sich zu bewegen. Es gibt viele gute Bücher, in denen Sie sich zu Entspannungstechniken wie autogenes Training, Meditation oder auch Muskelentspannungsübungen informieren können – und sollten. Sie helfen Ihnen, in einen guten, ausgeglichenen und powervollen Zustand zu gelangen. Nutzen Sie diejenigen Techniken, die Sie als besonders wirkungsvoll empfinden.

Körper, Geist und Seele bilden eine Einheit. Im hektischen Alltagsgeschäft allerdings scheint diese Einheit zuweilen verloren zu gehen. Deshalb möchte ich dieses Kapitel mit Fragen beenden, die Ihnen helfen, jene Einheit herbeizuführen:

- Was ist mir wichtig?
- Welche Werte vertrete ich?
- Was will ich auf dieser Welt?
- Was macht mir Spaß?
- Was gibt mir Sicherheit?
- Wo, wann und wie fühle ich mich wohl?
- Wie sehe ich mich?
- Was will ich im Leben erreichen (materiell und immateriell)?
- Welche Erinnerungen an mich sollen einmal zurückbleiben?
- Was motiviert mich?
- Was aktiviert/reizt mich?
- Will ich das, was ich tue? Tue ich das, was ich will?

Eine weitere Möglichkeit, die Einheit seines Inneren herzustellen, liegt in der Zauberfee-Übung. Stellen Sie sich vor, eine gute Fee sagt Ihnen, dass alles, was Sie tun, gut geht und Sie glücklich macht:

* Was würden Sie beruflich tun oder ändern?
* Wie wäre es um Ihre familiäre Situation bestellt, in der Sie leben möchten?
* Mit welchen Menschen würden Sie gerne Ihre Zeit verbringen?
* Welchem Hobby würden Sie gerne nachgehen?
* Was täten Sie für Ihre Gesundheit und Ihr körperliches Wohlbefinden?

Hilfreich ist zudem die Beschäftigung mit den folgenden powervollen Fragen:

* Was will ich werden und wie will ich es werden?
* Was genau ist mein Ziel, was sind meine Stärken?
* Was erwarte ich von meinem Handeln?
* Was ist mir wichtig daran?
* Was muss passieren, dass ich das Gefühl habe, es erreichen zu können?
* Was werde ich konkret dafür tun?
* Mit was beginne ich – und wann?

Vielleicht erinnern Sie sich an den Satz zu Beginn dieses Kapitels. Er stammte aus einem Science-Fiction-Film und lautete: „Stelle dir alles vor, was du möchtest, und du kannst es haben. Doch wir sind noch nicht soweit."

Ich glaube, wenn wir möglichst viele unserer Emotionen beeinflussen und steuern können, erreichen wir viel von dem, was wir möchten. Wenn wir unsere Neuronen positiv emotionalisieren, können viele unserer Wünsche und Träume wahr werden.

Ein Motivationsforscher suchte eine Antwort auf die Frage, was Menschen langfristig und nachhaltig motiviert und begeistert. In einem Steinbruch beobachtete er viele Steinmetze bei ihrer Arbeit. Er fragte den ersten, ernst dreinschauenden Steinmetz „Was tust Du hier?". Die Antwort war kurz und barsch „Das siehst Du doch, ich bearbeite Steine." Er sprach darüber, was er tat. Da sah der Forscher einen anderen Steinmetz und stellte ihm die gleiche Frage. Dieser lächelte und antwortete „Das siehst Du doch, ich stelle ein Mauerwerk her." Er sprach mehr über seine Fähigkeiten, was er im Stand war zu leisten. Der nächste, den er fragte, lächelte zufrieden und antwortete „Das siehst Du doch, ich arbeite und ernähre so meine Familie." Ihm war wichtig, welche Werte er sich mit der Arbeit erfüllen konnte. Der nächste Steinmetz, den er befragte, lächelte glücklich und zufrieden vor sich hin. Auf die Frage antwortete er stolz „Das siehst Du doch, wir bauen einen Dom." Er identifizierte sich mit seiner Aufgabe. Nun glaubte der Forscher die Antwort gefunden zu haben. Doch er entdeckte noch einen weiteren Steinmetz, der sichtlich begeistert seiner Arbeit nachging. Sein ganzes Gesicht strahlte und er sah sehr glücklich aus. Neugierig geworden fragte der Forscher auch ihn, was er hier täte. Er sah in dessen strahlende Augen und erhielt die begeisterte Antwort „Das siehst Du doch, wir bringen die Menschen ein Stück näher zu Gott." Dieser Steinmetz sprach über den Sinn. Es liegt in jedem selbst, den Sinn in seiner Arbeit und seinem Leben zu entdecken. Und wenn es um Spitzenleistungen im Verkauf geht, gehört unser emotionaler Zustand zu den wichtigsten Aspekten. Denn nichts beeinflusst unsere Kunden so sehr, wie wir selbst als Person, die sich als emotionales Wesen versteht.

Wie bereits gesagt: Menschen kaufen von Menschen. Senden Sie positive Signale aus und werden Sie so zum emotionalen Spitzenverkäufer, der beim Kunden die für ihn richtigen Emotionen auslöst.

Doch nicht alle Kunden sind gleich. Jeder Kunde verfügt selbstverständlich über alle Emotionssysteme, aber meistens sind eines oder zwei beherrschend. Wenn Kunden nicht das tun, was wir gerne hätten, haben wir wahrscheinlich das falsche Emotionssystem angesprochen oder wir haben noch nicht den genauen Zugangscode zu den jeweiligen Systemen gefunden. Darum geht es im nächsten Kapitel um die Frage: Wie erreichen wir die jeweiligen Emotionssysteme, und wie und was beeinflusst sie? Freuen Sie sich auf die nächste Etappe unserer Reise, die uns jetzt in die Welt unserer Kunden führt.

Fazit

- Beschäftigen Sie sich mit Ihren Emotionssystemen und insbesondere mit dem, das bei Ihnen vorherrscht und dominiert.
- Dann verfügen Sie über eine Grundlage, Ihre Potenziale zu entfalten und die Erfolge und Ziele zu erreichen, die Sie anstreben.
- Über Ihre Emotionssysteme können Sie Ihren Zustand beeinflussen und managen und dafür sorgen, dass der Kunde Sie als begeisterten und begeisternden Verkäufer wahrnimmt, dessen Begeisterung ansteckend auf ihn wirkt.
- So gelingt es Ihnen, Ihre Fähigkeiten, Kompetenzen und Talente im Verkaufsgespräch derart einzusetzen, dass Sie dem Kunden einen optimalen Nutzen bieten.

Erfolgreich mit Kunden umgehen

In diesem Kapitel erfahren Sie:

* wie die Tatsache, dass die Menschen über verschiedene Emotionssysteme verfügen, den Verkaufsprozess beeinflusst,

* wie Sie das jeweilige bevorzugte Emotionssystem eines Kunden erkennen,

* wie Sie diese Fähigkeit trainieren und

* welche Konsequenzen es hat, dass die Emotionssysteme Veränderungen unterliegen.

„Behandle andere Menschen so, wie diese behandelt werden wollen"

„Der Kunde ist König": ein häufig formulierter Satz. Doch oft wird die Konsequenz, die sich aus dieser Aussage ergibt, falsch interpretiert. In einem unserer Seminare kam von den Verkäufern und Beratern sofort folgender Widerspruch: „Ich bin doch kein Bettler und kein Bittsteller!" Natürlich nicht! Es ist wie immer eine Frage des Fokus und unseres Blickwinkels. Deshalb: Auch Sie dürfen und sollen sich wie ein König fühlen und dem Kunden als gleichberechtigter Partner begegnen. Kommunizieren Sie mit Ihrem Kunden auf Augenhöhe – von König zu König.

„Der Kunde ist König" suggeriert eine Art Demutshaltung des Verkäufers, die jedoch im Kundenkontakt völlig fehl am Platze ist. Einen ähnlichen Trugschluss gibt es hinsichtlich der „Goldenen Regel", die da lautet: *„Behandle andere Menschen so, wie du behandelt werden willst."*

Wahrscheinlich ist den meisten von Ihnen dieser Ausspruch bekannt, haben doch vielleicht Eltern, Lehrer, Chefs und andere „Autoritäten" diesen wiederholt gepredigt. Wenn man heute darüber nachdenkt, müsste das ja bedeuten, dass alle Menschen so sind wie ich. Doch wir wissen: Die Menschen sind alle verschieden. Jeder denkt, fühlt und sieht die Welt anders als Sie und ich. Keiner ist gleich. Dennoch glauben wir, dass die andern die Welt ein wenig so sehen wie wir. Doch so unterschiedlich, wie die Menschen aussehen, so unterschiedlich sind auch ihre Gehirne strukturiert. Jedes menschliche Gehirn ist eine „Einzelanfertigung" mit den unterschiedlichsten neuronalen Verknüpfungen. Und so wurde aus der „Goldenen Regel" die „Platin-Regel": *„Behandle andere Menschen so, wie diese behandelt werden wollen."*

Sie erinnern sich an die vorherigen Kapitel: Dort haben Sie die unterschiedlichen Emotionssysteme kennengelernt. Diese funktionieren unbewusst und lösen unser Verhalten aus. Unser Tun wird also von der positiven oder negativen Markierung unserer Emotionen gesteuert. Wie dort beschrieben, verfügt das Emotionssystem „Balance" über ein Bindungs- und Fürsorgemodul. Um deren Auswirkungen in der Kommunikation und im Verkauf besser zuordnen zu können, unterteilen wir das Balance-System: Ein Teil reagiert – etwas vereinfachend ausgedrückt – mehr auf Sicherheitsaspekte, der andere Teil mehr auf Geborgenheitsgefühle.

Um diesem Unterschied gerecht zu werden, bezeichnen wir ersteren im weiteren Verlauf unserer Darstellung als Limbic®-Typ „Balance-Bewahrer" und den Teil mit dem Bindungs- und Fürsorgemodul als Limbic®-Typ „Balance-Unterstützer. Damit ergibt sich eine Erweiterung der Limbic® Map, wie in Abbildung 11 zu sehen ist.

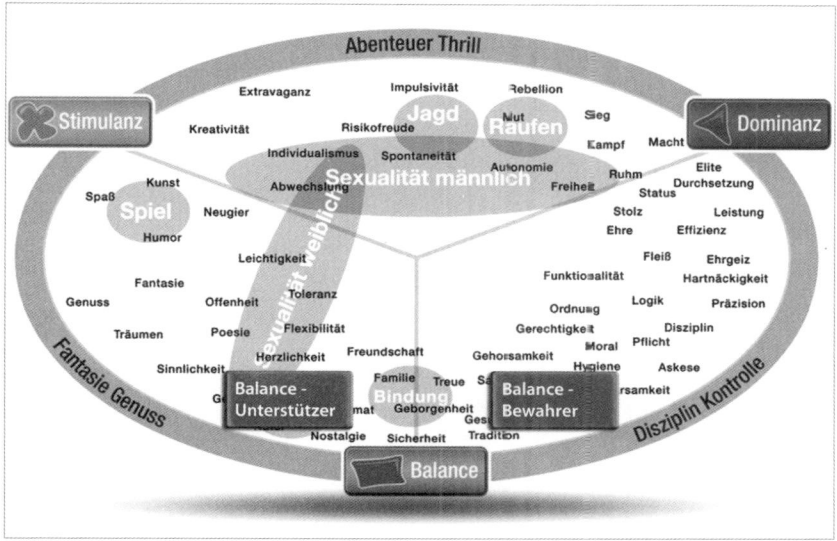

Abb. 11: Das Balance-System lässt sich in Balance-Unterstützer und Balance-Bewahrer unterteilen.

Sofern Ihre Art der bevorzugten Kommunikation mit der Ihrer Kunden übereinstimmt, stehen die Chancen gut, Ihre Kunden zu erreichen und gute Gespräche zu führen.

Was aber geschieht, wenn Ihr dominierendes Emotionssystem ein anderes als das Ihrer Kunden bzw. Ihres Gesprächspartners ist? Wenn Ihr Kunde und Sie mithin unterschiedliche „Sprachen" sprechen? Dann kann es sein, dass Sie keinen guten Draht zu Ihrem Gesprächspartner bekommen. Sie sprechen zwar über die gleiche Sache, reden aber – wie unsere Freunde in Abbildung 12 – konsequent aneinander vorbei. Jeder sendet und empfängt in einer anderen Sprache.

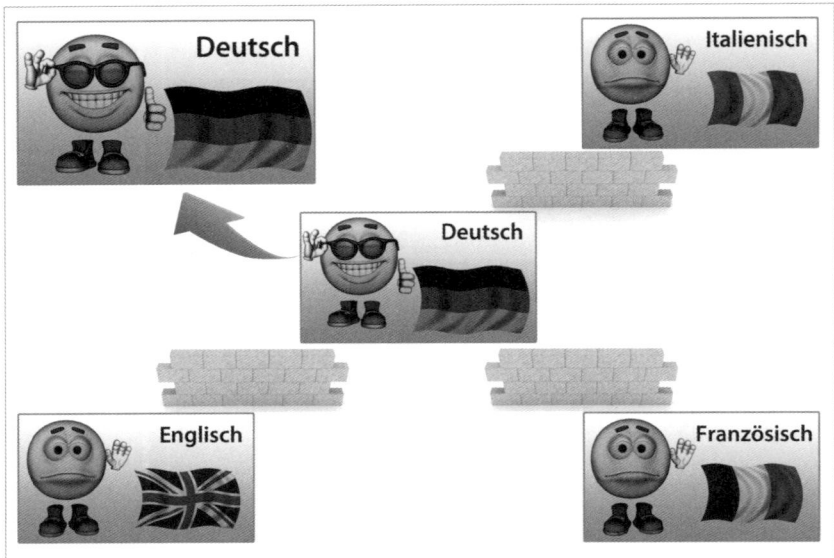

Abb. 12: Warum wir uns manchmal einfach nicht verstehen können.

Die Folgen sehen Sie in Abbildung 13: Selbst wenn Ihr Produkt, Ihre Fachkenntnisse und Ihre Aussagen exzellent und kundenorientiert sind, kann es sein, dass Sie Ihr Gesprächspartner nicht versteht, weil er eine andere „emotionale Sprache" spricht oder ein anderes bevorzugtes Emotionssystem hat.

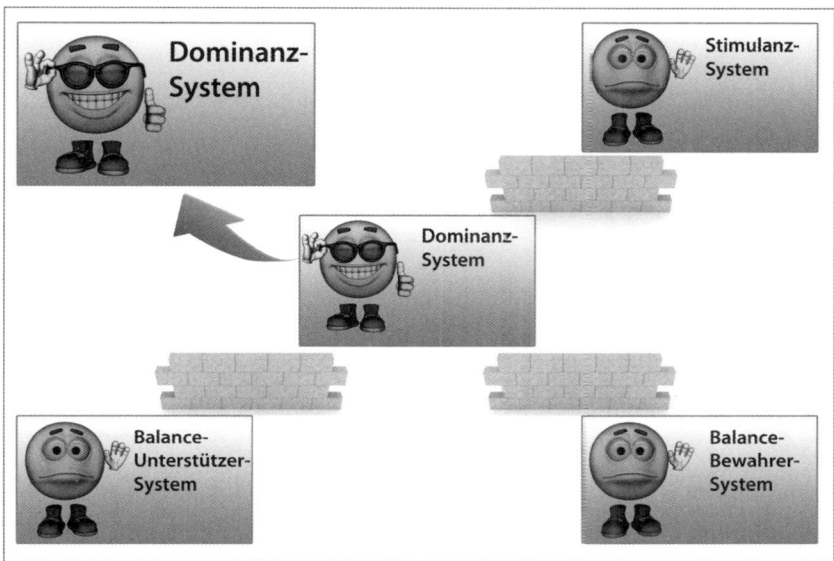

Abb. 13: Verschiedene emotionale Sprachen führen zu unüberwindlichen Kommunikationsmauern.

Bei einer Fremdsprache lernen wir die Vokabeln, den Satzbau, die Aussprache und die Art und Weise, wie etwas ausgedrückt werden soll. Oft passen wir dem Inhalt auch unsere Gestik und Mimik an. Denken Sie an den lebhaften impulsiven Italiener oder an den eher steifen, distinguiert-vornehmen Engländer oder den melodisch charmanten Franzosen. Genauso ist es mit dem Emotionssystem.

Die Konsequenz: Lernen wir also, uns in diesen Systemen zu bewegen, um aus dem fehlenden Draht einen guten Draht zu machen. Besser noch: einen heißen Draht, einen emotional heißen Draht herzustellen. Dazu müssen wir unsere eigenen bevorzugten Emotionssysteme nicht verändern. Schalten wir einfach – mit den Folgen, die Abbildung 14 zeigt – einen Übersetzer dazwischen. Transformieren wir unsere Kommunikation in die passende Kommunikationsform unserer Kunden und überwinden wir so mögliche Hindernisse.

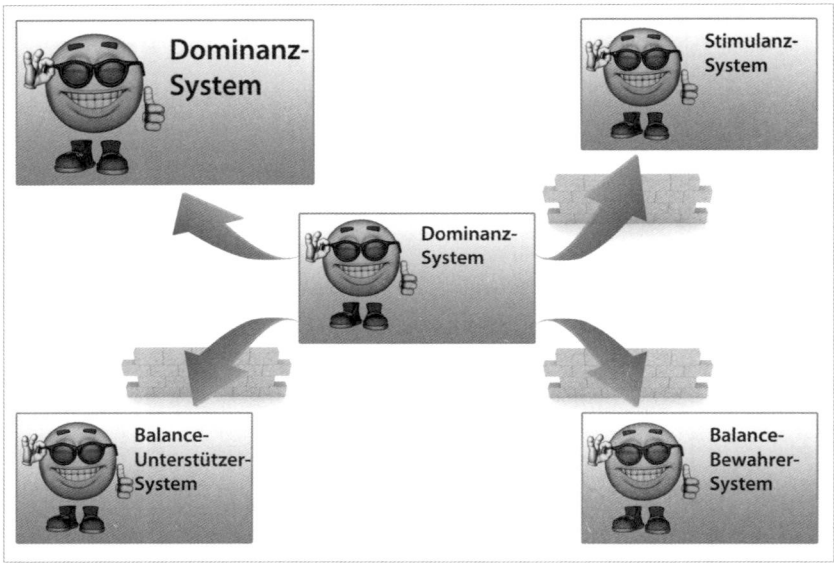

Abb. 14: Die Kommunikationsform des Kunden übernehmen.

Wenn Sie selbst zum Beispiel mehr der Dominanz-Typ sind, werden Sie im Kundengespräch mit dem Stimulanz-Kundentyp nicht nur von Effektivität, Erfolg und Umsatzsteigerung sprechen und sich entsprechend verhalten, sondern Aspekte wie das Neue und Trendige oder Innovative am Produkt thematisieren.

Und beim Balance-Bewahrer stellen Sie Aspekte wie Sicherheit und Zuverlässigkeit in den Vordergrund und präsentieren sie sehr strukturiert. Beim Balance-Unterstützer schließlich bauen Sie ein freundschaftliches Verhältnis auf und erzählen von zufriedenen Anwendern. Jetzt stellen Sie etwa die einfache Handhabung Ihrer Produkte in den Vordergrund.

Immer jedoch gilt: Übersetzen Sie Ihre Argumente in die Sprache Ihrer Kunden. Stimmen Sie Ihre Verkaufsgespräche auf die Präferenzen Ihrer Kunden ab. Bedenken Sie dabei, dass der größte Teil des Menschen nicht ein Emotionssystem zu 100 Prozent bevorzugt. Die meisten Menschen verfügen in unterschiedlicher Ausprägung über zwei oder drei, manchmal auch alle vier emotionale Stile. Probieren Sie aus, inwieweit Ihr Kunde bei den jeweiligen Argumenten reagiert. Nutzen Sie

Ihre Multitaskingfähigkeiten, um auch die anderen, also die sekundären Emotionssysteme zu erreichen. Wenn Sie also einem Ingenieur, den Sie zum Beispiel dem Dominanztypus zuordnen, die Primärvorteile Ihres Produkts nahebringen, also etwa „Überlegenheit", „besser sein als andere" und „mehr Erfolg haben", sollten Sie ruhig auch die möglichen Sekundärvorteile ansprechen. Bieten Sie seinem *möglichen* Balance-System Sicherheit und seinem *möglichen* Stimulanz-System vielleicht das Argument, das Produkt verhelfe ihm dazu, anders zu sein als der Wettbewerb.

Achten Sie dabei auf die Reaktionen Ihres Kunden: Bei welchen Argumenten und Werten reagiert er stärker? Da unsere Entscheidungen nicht rational getroffen werden und der emotionale Auslöser nicht bewusst gesteuert wird, kommt es darauf an, möglichst viele Emotionen positiv zu markieren und negative Emotionen zu vermindern oder zu vermeiden.

Trainieren Sie, die Werte, den Denk- und Verhaltensstil Ihrer Gesprächspartner zu erkennen und mit größtmöglicher Wahrscheinlichkeit zu bedienen. Dann werden Sie von Ihrem Kunden wirklich verstanden und können ihn überzeugend überzeugen.

Wie Sie die Emotionssysteme der unterschiedlichen Kundentypen erreichen

Entscheidend ist, das vorherrschende Emotionssystem eines Kunden zu erkennen, um kundenindividuell reagieren zu können. Bevor Sie entsprechende Tipps erhalten, vergegenwärtigen Sie sich bitte:

* Stimulanz-System: Diesen Menschen geht es um Freude, Spaß, Abwechslung und Abgrenzung, Sie wollen beliebt sein.
* Dominanz-System: Ihnen sind Ergebnisse und Macht wichtig. Sie wollen als aktive und handlungsfähige Menschen anerkannt werden.
* Balance-Unterstützer-System: Diesen Menschen geht es um Beziehungen und um andere Menschen. Sie wollen als vertrauensvoll und wertvoll angesehen werden.

- Balance-Bewahrer-System: Wichtig sind die Daten und die belegbaren Fakten. Sie wollen als vernünftig und objektiv urteilende Menschen angesehen werden.

Jetzt können Sie die folgenden Tipps im konkreten Kundenkontakt einsetzen:

- *Kunden mit bevorzugtem Stimulanz-System*: Entwickeln Sie Ideen, präsentieren Sie ausgefallene Konzepte, visualisieren Sie. Seien Sie kreativ und fantasievoll. Erzählen Sie Geschichten und stellen Sie Analogien her. Seien Sie lustig, fröhlich und locker drauf.
- *Kunden mit bevorzugtem Dominanz-System*: Formulieren Sie kurz, klar und direkt. Stellen Sie das Ergebnis in den Vordergrund sowie die Effektivität und die Zielplanung. Argumentieren Sie logisch und präzise. Kommen Sie schnell auf den Punkt und untermauern Sie Ihre Aussagen mit Belegen und Beweisen.
- *Kunden mit bevorzugtem Balance-Unterstützer-System*: Sprechen Sie freundlich und offen. Tauschen Sie zwanglos Ideen aus, stellen Sie eine Verbindung her, werden Sie zum Beziehungsmanager. Belegen Sie Ihre Aussagen mit Beispielen, die zeigen, wie Sie anderen Menschen geholfen haben, ihre Ziele zu erreichen. Bringen Sie eigene Erfahrungen ein, seien Sie verständnis- und gefühlvoll.
- *Kunden mit bevorzugtem Balance-Bewahrer-System*: Präsentieren Sie erprobte und sichere Konzepte und Produkte. Seien Sie genau und legen Sie Zahlen, Daten und Fakten („ZDF") vor. Gehen Sie ins Detail, schweifen Sie nicht ab, zeigen Sie, wie genau und gewissenhaft Sie sind und arbeiten.

So erkennen Sie unterschiedliche Kundentypen

Weil wir nicht in das Gehirn und die Emotionssysteme unserer Kunden hineinschauen können, bleibt die Frage zu klären: Wie erkennen wir die jeweiligen Denk- und Verhaltenspräferenzen? Wenn Sie Ihre Wahrnehmungsfähigkeit schulen, ist dies durchaus möglich. Indikatoren hierfür sind die Körpersprache, also etwa Aspekte wie Haltung, Dynamik, Bewegung. Aber auch die Sprechweise, die Stimme – also

Lautstärke, Modulation und Tempo – und die Wortwahl, die verwendeten Formulierungen und Inhalte sowie die Werte, die einem Menschen wichtig sind, sind von Bedeutung, wenn Sie versuchen, ihn einem Emotionssystem zuzuordnen. Lassen Sie es mich so ausdrücken: Lernen Sie mit den Augen zu hören und mit den Ohren zu sehen! Also:

- Schauen Sie genau hin: Wie sieht die Person aus? Wie ist sie gekleidet, wie tritt sie auf? Ist sie eher bestimmend oder zurückhaltend? Wie ist die Haltung, der Händedruck – eher verhalten oder sicher? Ist sie eher ruhig und beobachtend oder aktiv und gesprächig? Schauen Sie genau hin und hören Sie in sich hinein, was Ihnen diese Merkmale sagen.

- Hören Sie genau hin: Welche Worte wählt diese Person? Worte mit harten oder weichen Buchstaben? Sind es also eher Dominanz- und Balance-Bewahrer-typische Worte wie „Takete" oder eher Stimulanz- und Balance-Unterstützer-Worte wie „Maluma"? Und wie drückt sich diese Person aus? Was können Sie hören? Spricht sie eher schnell oder langsam, eher strukturiert oder sprunghaft, eher von Menschen oder von Sachen, macht sie ab und zu eine witzige Bemerkung oder spricht sie ernst und detailliert? Machen Sie sich ein Bild davon, was diese Merkmale für Ihre Zuordnung bedeuten.

So können Sie leicht und spielerisch eine erste Einschätzung Ihrer Kunden vornehmen. Und je öfter Sie es versuchen, desto mehr Erfahrungen sammeln Sie und umso mehr Übung haben Sie darin. Und natürlich gilt: Übung macht den Meister. Je öfter Sie diese Zuordnungen vornehmen, desto leichter und einfacher wird es für Sie sein.

Übung 7: Andere Menschen besser einschätzen – zwei Übungen

Die Zuhörübung:

Wenn Sie Teilnehmer eines Gesprächs sind, welches Sie selbst nicht steuern, oder bei einem Gespräch zwar anwesend, aber nicht beteiligt sind: Achten Sie auf die Wortwahl, den Inhalt, mögliche Werte sowie Tempo, Modulation usw. Konzentrieren Sie sich zunächst auf einen der Gesprächspartner und versuchen Sie herauszufinden, welcher Typ die betreffende Person ist. Später dann – nach einiger Übung – können Sie sich auf die Analyse gleich mehrerer Personen fokussieren.

Die Beobachtungsübung:

Wenn Sie an einem Gespräch nicht beteiligt sind, bietet sich eine gute Gelegenheit, Menschen zu beobachten. Achten Sie gezielt auf die Körpersprache, auf Haltung, Gestik, Mimik, auf schnelle oder langsame Bewegung, große oder kleine Gesten. Gehen Sie auf Distanz und versuchen Sie, ohne zu hören, was die Person sagt, eine Zuordnung vorzunehmen, also allein aufgrund Ihrer Beobachtungen. Wenn möglich, gehen Sie dann näher heran, sodass Sie auch hören können, was gesagt wird. Überprüfen und ergänzen Sie Ihre getroffene Zuordnung mit den Erkenntnissen, welche Sie jetzt beim Zuhören gewinnen.

Die Dynamik der Emotionssysteme

An dieser Stelle möchte ich noch ein wichtiges Thema ansprechen: Denkstile und Verhaltenspräferenzen können sich genauso gut wie bevorzugte Emotionssysteme verändern. Es hängt von der jeweiligen Situation ab, in der wir uns gerade befinden. Als Vertriebsleiter oder Verkäufer verhalten sich Menschen oft anders als daheim als Ehepartner oder als Vater oder Mutter im Umgang mit ihren Kindern. Als Vertriebsmitarbeiter kann ein Mensch sehr zielstrebig, hartnäckig und analytisch vorgehen. Zu Hause erleben wir diesen Menschen womöglich als liebevoll, verspielt und lustig.

Es sind die verschiedenen Situationen, die bestimmen, wie wir uns auf eine gewisse Art und Weise verhalten. Übrigens: Diese unterschiedlichen Situationen können auch während eines Verkaufsgesprächs auftreten. In der Beziehungsaufbau- und Fragephase können andere Emotionssysteme bevorzugt werden wie in der Präsentations- und Abschlussphase. Dennoch kommen die entscheidenden Impulse an unser Großhirn von unseren Emotionssystemen. Zur Erinnerung: 70 bis 80 Prozent unserer Entscheidungen treffen wir unbewusst.

Seit Jahr und Tag wird immer wieder versucht, den Menschen zu kategorisieren, ihn in einer Typologie einzuordnen. Schon 500 Jahre vor Christus hat Aristoteles die Menschen in vier Kategorien unterteilt. Heute gibt es Persönlichkeitstypologien wie DISG, Insights, HDI usw., die uns Verhaltensmodelle anbieten. Ich denke, dass diese Modelle nützlich und wirkungsvoll sind. Mehr oder weniger. Entscheidend aus meiner Sicht ist immer: Wie werden die Emotionssysteme erreicht und positiv codiert, wie werden die negativen Impulse vermieden oder vermindert? Denn die Neurowissenschaftler gehen nach heutigem Wissensstand – und auch diesen entscheidenden Satz lesen Sie in diesem Buch nicht zum ersten Mal – davon aus: „Alles, was keine Emotionen auslöst, ist für unser Gehirn wertlos." Die Konsequenzen, die sich daraus ergeben, sind für Vertrieb und Verkauf weitreichend:

- Produktverkäufer gehören der Vergangenheit an – oder sollten ihr zumindest angehören. Sie kennen ihr Produkt zwar gut, schütten den Kunden jedoch lediglich mit Produktmerkmalen zu. Sie sagen, was das Produkt kann.

- Die beratenden Verkäufer erfragen den Bedarf und präsentieren Produktvorteile. Sie sagen, was das Produkt den Kunden bringt. Nicht schlecht – aber:

- Die Zukunft gehört den Limbic® Sales-Verkäufern. Denn sie lösen Probleme und erkunden die emotionalen Prioritäten der Kunden, sie sind Lösungsverkäufer und sorgen für gute Gefühle. Sie erzeugen Sog statt Druck. Sie helfen dem Kunden, das zu bekommen, was ihm „wertvoll" ist. Sie sind die Verkäufer der Zukunft, denn Sie erkunden, was der Kunde will.

Lassen Sie uns nun noch einen Blick auf das werfen, was uns – und damit unsere Kunden – unterscheidet: nämlich Alter und Geschlecht.

Jüngere Kunden – ältere Kunden

Es sind vor allem die Hormone und Neurotransmitter, die für eine Veränderung in unserer Persönlichkeitsprägung sorgen. Das Dominanzhormon Testosteron nimmt – genau wie das Dopamin, das beim Stimulanz-System eine wichtige Rolle spielt – ab etwa dem 30. Lebensjahr ab. Aspekte wie Risikobereitschaft, Neugier und eventuell auch Status sind uns nicht mehr so wichtig. Gleichzeitig nimmt das Stresshormon Cortisol zu, je älter wir werden. Das stärkt unser Balance-System. Sicherheit wird gesucht, Unsicherheit gilt es zu vermeiden. Unsere emotionale Persönlichkeitsstruktur verändert sich also aufgrund altersbedingter hormoneller Entwicklungen.

Darum sind jüngere Kunden eher zu überzeugen und zu begeistern, wenn wir ihr Stimulanz-System ansprechen. Ältere Kunden hingegen gewinnen Sie mit Argumenten, die das Balance-System ansprechen. Besonders wichtig ist diese Erkenntnis für die Berufe, bei denen unterschiedliche Altersgruppen aufeinandertreffen – zum Beispiel in Hotels, wo viele junge Mitarbeiter oftmals auf ältere Gäste treffen.

Männliche Kunden – weibliche Kunden

Mit diesem Thema könnte man ganze Bücher füllen. Und es gibt auch genug davon. Konzentrieren wir uns auf den Einfluss der Geschlechter auf unsere Motiv- und Emotionssysteme. Dabei ist der unterschiedliche Mix der Sexualhormone besonders wichtig. Das männliche Gehirn wird stärker durch die Sexualhormone Testosteron & Co. beeinflusst, das weibliche Gehirn mehr durch Östrogen & Co. Somit wird bei Männern das Dominanz-System stärker aktiviert – hinzu kommen die benachbarten Felder „Abenteuer" und „Kontrolle". Bei Frauen wird verstärkt das Balance-System angesprochen, und zwar insbesondere das Bindungs- und Fürsorgemodul „Balance-Unterstützer".

Diese unterschiedliche „Ansprache" zeigt, dass auch der Verkaufsprozess bei diesen unterschiedlichen Gruppen auf jeweils andere Weise aufgebaut werden sollte. Denn was das eine Gehirn toll findet, kann das andere ganz schön langweilen. Viele Komiker verdienen damit viel Geld, weil sie über diese Unterschiede ihre Witze reißen. Wenn Verkäufer diese ganz natürlichen Unterschiede in den vorherrschenden Emotionssystemen beachten und die dargestellten „hormonellen" Erkenntnisse berücksichtigen, können sie gutes Geld verdienen. Aussagen unserer Seminarteilnehmer zeigen aber, dass Verkäufer zuweilen konsequent an den Erwartungen und Bedürfnissen ihrer Kunden vorbei argumentieren – dazu eine schier unglaubliche Geschichte, von der man nur hoffen mag, es handle sich um eine extreme Ausnahme. Erzählt wurde sie uns von einer unserer Seminarteilnehmerinnen.

Die junge Frau eines Geschäftsführers suchte einen Premium-Autohändler auf. Bereits bei der Begrüßung begann das Desaster. Ein älterer Verkäufer eröffnete salopp das Gespräch mit: „Hallo Mädel, was willst du denn?" Natürlich war der Verkaufserfolg bereits hier schon äußerst gefährdet. Aber es kam noch besser. Sie sagte: „Ich möchte ein Viersitzer-Cabrio." Die unglaubliche Antwort des Verkäufers: „Weißt du, was der kostet?" Und als negative emotionale Zugabe folgt der Satz: „Nimm doch lieber ein Zweisitzer-Cabrio, das ist außerdem kleiner und lässt sich besser einparken." Das reichte natürlich. Die Kundin hat sich dann schnell von dem Verkäufer verabschiedet – und gleich auch noch von der Automarke!

Enttäuscht ging sie zum Nachbarhändler, wiederum ein Anbieter einer Premium-Marke, die auch von ihrem Mann genutzt wird. Dort wurde sie freundlich begrüßt und bedient. Man versprach ihr, die Unterlagen zusammen mit einem Angebot bezüglich ihres gewünschten Wagens zuzusenden. Leider wurde ihr Glücksgefühl schnell wieder demontiert, als sie die Unterlagen erhielt – denn ihnen lag ein Brief bei, der an ihren Mann gerichtet war. Der Anbieter glaubte also, sich nicht an die Frau selbst, sondern an den „männlichen Familienvorstand" wenden zu müssen. Der Bericht der jungen Frau endete mit folgender Aussage: „Es ist sehr schwer für eine Frau, ein eigenes Auto zu kaufen. Selbst bei Händlern von hochwertigen Autos, also in Autohäusern, die über gut geschulte Verkäufer verfügen sollten."

Das fahrlässige und geschäftsschädigende Verhalten der Autohäuser in diesem leider authentischen Beispiel zeigt, dass selbst herausragende Fachkompetenz wenig nutzt, wenn Verkäufer die kleinen und großen emotionalen Negativ-Verstärker nicht zu vermeiden wissen.

Übung 8: Nehmen Sie sich Zeit zum Nachdenken

Wahrscheinlich haben Sie in Ihrem Verkäuferleben schon jüngere und ältere, männliche und weibliche Kunden betreut:

- Haben Sie diese „Kundengruppen" auf unterschiedliche Art und Weise behandelt? Inwiefern?
- Führen die Limbic® Sales-Erkenntnisse dazu, dass Sie ihnen in Zukunft anders begegnen werden? Was bedeutet dies konkret?
- Beziehen Sie das Gelesene auf Ihre nächsten Kundengespräche mit älteren/jüngeren/männlichen/weiblichen Kunden.

Limbic® Sales als Rahmen für den Verkaufsprozess

Stellen Sie sich vor: Sie kommen in ein Geschäft und lesen im Schaufenster folgendes Schild: „Wir erfüllen Ihre Wünsche." Begeistert treten Sie ein und ein alter freundlicher Mann fragt, was Sie wollen. Sofort beginnen Sie alles aufzuzählen, was Sie sich schon immer gewünscht haben:

- Ich möchte noch erfolgreicher sein.
- Ich möchte reich und beliebt sein.
- Ich möchte Gesundheit und Vitalität.
- Ich wünsche mir Kunden, die nur bei mir kaufen.
- Ich will Menschen überzeugen und begeistern.
- Ich will sichere Verkaufsgespräche führen.
- Ich möchte nur zufriedene Kunden.
- Ich möchte ….

Lächelnd fällt der alte Mann Ihnen ins Wort: „Entschuldigen Sie bitte. Ich habe mich wohl unklar ausgedrückt. Natürlich sind wir für Ihre Wunscherfüllung zuständig. Aber wir verkaufen keine Früchte, wir verkaufen den Samen dazu." Lesen Sie jetzt, wie Sie sicher durch Ihr gesamtes Verkaufsgespräch kommen. Säen Sie den Samen aus und ernten Sie die Aufträge Ihrer Kunden.

Ich weiß, dass viele Verkäufer ihre Gespräche gern flexibel und intuitiv führen. Sie wollen das Verkaufen nicht einem „System" unterordnen. Natürlich soll diese Flexibilität auch so bleiben. Dennoch hilft es, wenn wir um unser Bild des Verkaufens einen Rahmen legen, wenn wir dem Verkaufsprozess also einen festen Halt geben. Diesen Halt geben uns die limbischen Instruktionen und die Fähigkeit, Kunden bezüglich ihres bevorzugten Emotionssystems einzuschätzen. So können wir uns Strategien für jede einzelne Verkaufsphase zurechtlegen. Das gibt uns Sicherheit und hilft uns bei der Vorbereitung und bei der Gesprächsführung.

Im Folgenden wird die Frage beantwortet, wie Sie den Verkaufsprozess sicher steuern können: Wie können wir in welcher Phase des Verkaufens die Emotionen unserer Kunden und Interessenten positiv verstärken? Wichtig dabei sind die sechs Stufen zum Verkaufserfolg:

- vertrauensvolle Beziehung aufbauen,
- interessante Perspektiven schaffen,
- die Kundenwelt durch Limbic® Sales-Fragen betreten,
- den entscheidenden Ziel-/Kaufzustand aufrufen,
- Einwände in Werte und Nutzen umwandeln und
- Zusagesicherheit erhalten.

Fazit
- Die Maxime Ihrer Kundengespräche sollte sein: „Behandle andere Menschen so, wie diese behandelt werden wollen".
- Versuchen Sie durch genaue Beobachtung des Kunden auf allen Sinneskanälen zu erkunden, welche Emotionssysteme er bevorzugt. Stimmen Sie den Aufbau Ihres Verkaufsgesprächs darauf ab.
- Machen Sie sich aber nicht zum „Sklaven" Ihrer Einschätzung – sie bildet einen Rahmen, innerhalb dessen sie dem Kunden unvoreingenommen begegnen und flexibel agieren.

Den Verkaufsprozess sicher steuern

In diesem Kapitel erfahren Sie:

- wie Sie den gesamten Kundenkontakt „limbisch" aufbauen,
- wie Sie sich mit Ihren Kunden auf derselben Wellenlänge einschwingen und so Vertrauen aufbauen,
- welche Gesprächseinstiege es gibt, um kundenindividuell Interesse für Ihr Anliegen zu wecken,
- von einer professionellen Fragetechnik, mit der Sie die Welt Ihrer Kunden betreten,
- was Sie tun müssen, um sich zum Einkaufsbegleiter Ihrer Kunden zu entwickeln,
- wie Sie Ihre Präsentationen auf den jeweiligen Kundentypus abstimmen,
- wie Sie die limbische Einwandbehandlung einsetzen und
- die Zusagesicherheit Ihrer Kunden erhalten.

Bauen Sie eine vertrauensvolle Beziehung auf

„Für den ersten Eindruck gibt es keine zweite Chance": Man nimmt an, dass in drei von vier Fällen die endgültige Kaufentscheidung aufgrund des allerersten Eindrucks getroffen wird.

Warum finden wir jemanden sympathisch? Warum kommen wir mit dem einen besser aus und mit dem anderen gar nicht? Die Antwort liegt im limbischen System: Wenn sich zwei Menschen treffen, entscheidet sich in Sekundenbruchteilen, ob man den anderen als Freund oder Feind klassifiziert – und das geschieht ohne unser Zutun. Blitzschnell wird die Situation mit unserer Datenbank, dem Großhirn, abgeglichen: Welche Vorerfahrungen gibt es aus ähnlichen Situationen? Welche emotionalen positiven oder negativen Erfahrungen sind abgespeichert? Das Ergebnis entscheidet darüber, wie wir weiter vorgehen.

Unser Fokus richtet sich aus – entweder auf Gefahr oder auf Vertrauen.

Das Überlebensprogramm von gestern – ganz aktuell

Die Evolution hat diesen Überlebensmechanismus eingerichtet. In Momenten akuter Gefahren ist unser Großhirn viel zu langsam, um unseren Körper voll und ganz zu aktivieren. Die Amygdala im limbischen System übernimmt dann diese Aktivierungsfunktion. Bei Gefahr wird sofort Adrenalin ausgeschüttet.

Dann gibt es nur noch drei Möglichkeiten: Flucht, Angriff oder Sich-tot-stellen. Früher, als der Mensch zum Beispiel noch im Urwald lebte, war es überlebenswichtig, wofür er sich entschied. Wenn ein fremdes Geräusch oder eine nicht definierbare Bewegung auch nur peripher wahrgenommen wurde, schlug das limbische System sofort Alarm. Es könnte ja ein Feind oder ein Raubtier sein. Der Körper war sofort bereit, entweder draufzuhauen oder abzuhauen. Was sich bei vielen Tieren, deren Überlebenssysteme auch so funktionieren, im Sich-tot-stellen äußert, erleben wir Menschen als Schrecksekunde. Wir sind für eine kurze Zeit nicht einsatzfähig.

Allerdings leben wir heute nicht mehr im Urwald und sind meist nicht mehr solchen direkten Gefahren ausgesetzt. Dennoch: Auch als zivilisierte Menschen tragen wir dieses Urprogramm noch in uns. Wenn wir Menschen treffen, die anders sind als wir, anders reden, aussehen und sich anders bewegen, kann es reflexhaft vorkommen, dass unser limbisches System „zur Vorsicht" mahnt. Heutzutage kämpfen wir nicht mehr mit der Keule, sondern wir agieren mit Worten, Betonungen, Mimik und Gestik. Heute gewinnen wir Kunden mit diesen Stilmitteln – oder wir verlieren sie. Manchmal blitzschnell, bereits in den ersten Sekunden. Erfahrungen, die wir mit intensiven Gefühlen verbunden haben oder die konditioniert wurden, sind tief in unserem Gehirn verankert. Ungeachtet, ob diese Erfahrungen bewusst oder unbewusst gemacht wurden.

Wenn wir hingegen etwas oder jemandem begegnen, das oder den wir als angenehm und „o.k." markiert haben, dann werden wir von unserem Gehirn belohnt. Jetzt nämlich schüttet es Glückshormone aus, sogenannte Endorphine. Diese können wie Drogen wirken. Sie machen uns süchtig und wir wollen immer noch mehr davon.

Dieser Prozess ist für den Verkauf äußerst wichtig, denn eigentlich wollen wir keine Sachen oder Dinge kaufen, sondern etwas erstehen, das positive Gefühle erzeugt. Wenn es uns also gelingt, eine vertrauensvolle Beziehung aufzubauen, haben wir einen grundlegenden wichtigen Schritt getan, um den Verkaufsprozess zu einem guten Ende zu führen.

Führen Sie positive Gefühle durch Gemeinsamkeiten herbei

Wir wollen uns jetzt mit der Frage befassen, wie wir Menschen erreichen und unseren Kunden positive Gefühle übermitteln können. Dazu müssen wir klären, wie Meinungen entstehen oder vermittelt werden. Diese grundlegenden Erkenntnisse sind nicht nur für den ersten Eindruck, sondern für alle Phasen des Verkaufens wichtig und gültig. Denn so können wir auch erkennen, ob tatsächlich eine gute Beziehung zum Kunden vorliegt oder eine Störung diese Beziehung belastet. Der amerikanische Kommunikationswissenschaftler Albert Mehrabian hat bereits vor langer Zeit herausgefunden, wie Meinungen entstehen. Abbildung 15 zeigt auf, wie Meinungen vermittelt werden – nämlich zu nur 7 Prozent über die Sprache, zu 38 Prozent über den Ton und zu 55 Prozent über Physiologie und Körpersprache.

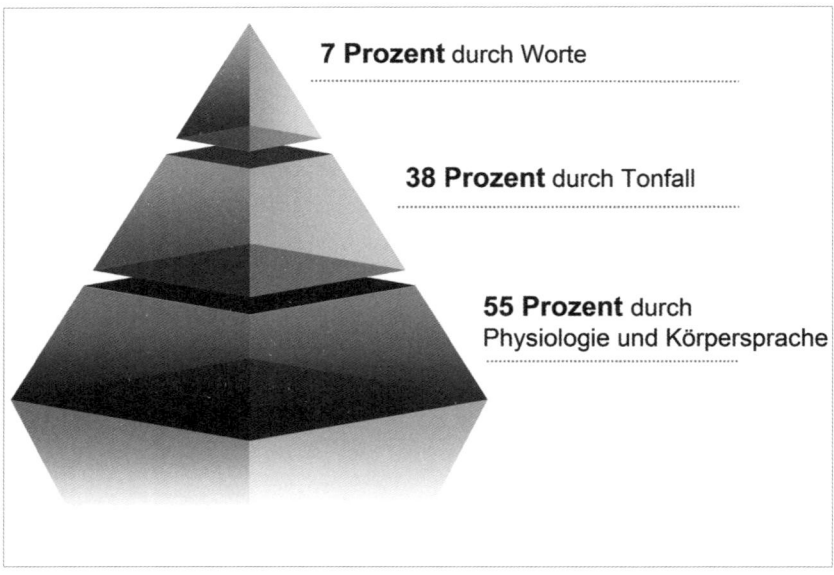

Abb. 15: Wie Meinungen vermittelt werden.

Wenn wir etwas äußern, ist es wichtig, dass wir über die Sprache positive Assoziationen hervorrufen. Die Bedeutung der Worte wird stark von unserer Tonalität beeinflusst. Und zudem unterstreichen wir mit unserer Körpersprache auf ganz wesentliche Weise alles, was wir sagen. Senden Wort, Ton und Körper die gleiche Botschaft, wird das vom Gegenüber als kongruent, das heißt deckungsgleich, wahrgenommen. Drückt aber z. B. der Körper oder die Tonalität etwas anderes aus, als das gesprochene Wort, wird dies vom Gesprächspartner unbewusst sofort als inkongruent wahrgenommen. Während er über die gehörten Worte noch nachdenkt, hat sein limbisches System den Ton und die nonverbalen Signale bereits bewertet und ein gutes oder auch weniger gutes Gefühl erzeugt. Wenn wir uns jetzt an die Übertragung von Gefühlen erinnern, können wir die Macht der Spiegelneuronen (siehe Kapitel „Erfolgreich mit sich selbst umgehen", insbesondere „Warum Kunden fühlen, was wir fühlen") erahnen. Auf die Kommunikation übertragen, empfinden wir nicht nur, was wir sagen, sondern auch *wie* wir es sagen und *wie* wir uns verhalten.

Eine gute und vertrauensvolle Beziehung aufzubauen wird dadurch erleichtert, dass wir selbst kongruent auftreten und uns auf den Kunden

„einschwingen". Kommunikationsexperten bezeichnen dies oft auch als „Spiegeln" oder „Rapport". Konkret bedeutet dies, dass wir unsere Wortwahl der Sprache unserer Kunden anpassen. Ebenso achten wir auch auf die gleiche Tonalität, also auf Sprechgeschwindigkeit, Betonung, Melodie usw. Insbesondere passen wir auch unsere Körperhaltung dem Kunden an. So können die Spiegelneuronen ihre gesamte Kraft entfalten. Es entsteht ein vertrauensvoller Beziehungsaufbau.

Ein alter Spruch besagt: Gemeinsamkeiten verbinden. Wenn es Ihnen gelingt, Gemeinsamkeiten mit dem Kunden herzustellen, erreichen Sie Ihren Kunden nicht nur verbal, sondern ganzheitlich. Überprüfen Sie dies doch einmal selbst mit Hilfe der folgenden Übung:

Übung 9: Welche Gemeinsamkeiten mit den Kunden gibt es?

- Denken Sie an einen Kunden, bei dem Sie sich besonders wohlfühlen, zu dem Sie besonders gern gehen, mit dem Sie besonders gerne Geschäfte machen: Inwieweit ähneln seine Sprache, die Sprechweise, seine Kopf-, Arm- und Handbewegungen den Ihren? Inwiefern sind Aussehen, Auftreten, Einstellungen, Neigungen und Hobbys verwandt?
- Danach denken Sie an einen Kunden, mit dem Sie nicht so gut zurechtkommen. Überprüfen Sie auch hier die angegebenen Punkte. Haben diese Kunden eine schnellere oder langsamere Sprechweise? Haben Sie vielleicht andere Hobbys oder sehen sie anders aus, bewegen und verhalten sie sich anders als Sie? Vielleicht leben diese Kunden sogar in einer anderen Wertewelt, zu der Sie nicht gehören möchten?

Stellen Sie Gleichklang her

Wir mögen Menschen, die so sind wie wir. Oder Menschen, die Eigenschaften besitzen, die wir selbst gerne hätten. „Gleich und gleich gesellt sich gern." Wir identifizieren uns mit gleichgesinnten Menschen. Vielleicht gehören wir demselben Verein an, lesen die gleichen Magazine oder hören gerne dieselbe Musik.

Es gibt viele Untersuchungen, die festgestellt haben, dass sich die wirkungsvollste Form der Verbindung zu einer anderen Person in der Angleichung von Körperhaltung, Gestik, Mimik, Tonfall usw. ausdrückt. Wir können, indem wir mit dem anderen Menschen gleich schwingen, eine gute Atmosphäre erzeugen und eine Gemeinsamkeit herstellen.

Auf diese Weise entsteht ein starkes Beziehungsfeld, oft ohne dass uns dies bewusst wäre. Dies tritt in der Regel immer dann auf, wenn Menschen gemeinsam einige Zeit miteinander verbringen und sich gut verstehen. Ganz unwillkürlich „schwingen" sie dann gleich. Versuchen Sie einmal, dies zu beobachten. Sie können einen Nutzen für Ihr Beziehungs- und Zustandsmanagement ziehen, indem Sie dieses „Schwingen" bewusst herstellen – etwa durch das Angleichen Ihrer Körpersprache und Physiologie an die Ihres Kunden. Dann wird sich auch der Kunde wohl(er) fühlen und ganz unbewusst eine „gute Beziehung" zu Ihnen aufbauen.

Vielleicht fragen Sie sich jetzt, wohin all das führen soll. Geht es darum, den Kunden nachzuahmen? „Ich gebe doch meine eigene Persönlichkeit nicht auf!". Bedenken Sie: Gleich zu schwingen ist nicht unnatürlich. Bei Personen, mit denen Sie sich gut verstehen, ist ein bewusstes Herstellen dieser selben Schwingungsebene nicht notwendig, da Sie ganz automatisch und natürlich mit diesen Menschen „schwingen". Doch Sie sollten auch keine Angst davor haben, diesen Gleichklang bewusst herbeizuführen. Probieren Sie es aus und Sie werden bald bemerken, wie verbunden sich Ihre Kunden mit Ihnen fühlen.

Oder schauen Sie doch einmal ein frisch verliebtes Pärchen an. Diese beiden Menschen verstehen sich bestens. Sie werden feststellen, dass die beiden dieselbe Haltung haben, denselben Tonfall wählen und oftmals sogar dieselben Worte benutzen. Diese Angleichungen sind ganz natürlich. Die Forschung hat festgestellt, dass es wahrscheinlich in den Anfängen der Menschheit entscheidend war, ob sich ein Mensch im Takt mit einem anderen Menschen bewegte. Die Forscher glauben heute, dass es der Rhythmus ist, mit dem wir einander, damals wie heute, zeigen, dass wir zur selben Gruppe gehören. So ist es auch zu erklären, dass man mit manchen Kunden sehr gut zurechtkommt, obwohl man sie persönlich gar nicht näher kennt, zu anderen aber nur sehr schwer einen Zugang findet, obwohl man schon häufig mit ihnen gesprochen hat.

Trainingsteilnehmer bestätigen immer wieder, dass selbst neue Kunden, mit denen Sie „schwingen", das Gefühl hatten, als würden sie ihren Verkäufer schon lange kennen: ein gutes Gefühl, ein Gefühl, das Vertrauen schafft.

Sicherheit ist nichts anderes als Vertrauen, und dies wird durch ein Gefühl erzeugt. Nutzen Sie das Prinzip der Spiegelneuronen, um eine vertrauensvolle Beziehung aufzubauen.

Übung 10: Sich mit dem Gesprächspartner einschwingen

- Achten Sie bei Ihrem nächsten Verkaufsgespräch auf die Körperhaltung und den Ton Ihres Gesprächspartners. Nehmen Sie während des Gesprächs eine ähnliche Körperhaltung ein. Versuchen Sie Ihren Ton und Ihren Sprechrhythmus anzugleichen.
- Sobald Ihr Gesprächspartner seine Haltung ändert, folgen Sie ihm zeitversetzt mit Ihrer Körperhaltung. Achten Sie darauf, dass er es nicht bemerkt.
- Beobachten Sie, welche Stimmung, welches Gefühl während des Verkaufsgesprächs entsteht. Erst wenn Sie ein gemeinsames „Schwingen" und ein Sichwohlfühlen erreicht haben, präsentieren Sie Ihre besten Argumente.

Natürlich gibt es neben dem „Schwingen" weitere konkrete Möglichkeiten, um Ihre Kundenbeziehungen vertrauens- und wirkungsvoll zu gestalten.

Ihr Lächeln bewirkt Wunder

„Wenn du nicht lächeln kannst, solltest du kein Geschäft eröffnen" heißt es in einem alten Sprichwort. Ein Lächeln – es ist kostenlos und schenkt Freude. Meistens kommt es zurück, meistens wird es uns „zurückgezahlt". Es öffnet Herzen und Geldbeutel. Es macht sympathisch und es schafft Vertrauen.

Eine zentrale Aufgabe unseres Gehirns ist es, alles was wir bewusst oder unbewusst sehen (und auch hören, fühlen, riechen und schmecken) zu erkennen und emotional zu bewerten. Dem menschlichen Gesicht kommt hierbei eine besondere Bedeutung zu. Es gibt kein wichtigeres Zeichen, um Freund oder Feind zu erkennen, als das Lächeln. Es macht sogar manche Produkte emotional sympathischer. Schauen Sie einmal bei Ihrem nächsten Stadtbummel in das Schaufenster eines Uhrengeschäfts. Professionelle Geschäfte haben die ausliegenden Uhren auf ca. 10 Minuten nach 10 Uhr gestellt. Wenn Sie genau hinschauen, lächeln die Uhren Sie an, und wollen damit sagen: „Kauf mich!"

Übrigens: Vergessen Sie das Pflichtlächeln. Es wird von Ihrem Kunden sofort als aufgesetzter Ausdruck entlarvt und unbewusst negativ markiert. Ein echtes Lächeln entsteht aus einem guten Gefühl und überträgt ein gutes Gefühl. Es wird positiv markiert. Ein echtes Lächeln bringt oft die Augen zum Funkeln und führt dazu, dass Glückshormone ausgeschüttet werden. Machen Sie sich und Ihre Kunden auf diese einfache Art glücklich.

Sagen Sie Ihrem Kunden sein Lieblingswort

Ich bin sicher, Sie alle kennen das Lieblingswort Ihres Kunden – es ist sein Name! Sprechen Sie ihn mit seinem Namen an. Nicht nur bei der Begrüßung, sondern auch während des gesamten Beratungs- und Verkaufsgespräches bis zur Verabschiedung. Haben Sie keine Scheu: Er hört es wirklich gerne. Millionen von Euro, Dollar, Yen usw. werden in Stiftungen eingebracht. Für einen guten Zweck? Für ein erstrebenswertes Ziel? Ja, sicher, aber auch für das Fortbestehen des eigenen Namens. So viel Geld müssen Sie selbst nicht ausgeben. Es reicht, wenn Sie Ihren Kunden mit seinem Namen anreden.

Jeder Mensch hört gerne seinen Namen und fühlt sich besonders gut behandelt oder betreut, wenn er öfter mit dem Namen angesprochen wird, es gibt ihm ein Gefühl der Wertschätzung, ein Gefühl, mit dem anderen vertraut zu sein, ein Gefühl, dessen Wichtigkeit nicht genug betont werden kann.

Stärken Sie das Selbstwertgefühl Ihrer Kunden

Interessieren Sie sich für Ihren Kunden. Geben Sie reichlich Lob und Anerkennung. Aber, es muss sich um ehrliches Interesse und Lob oder Anerkennung handeln. Achten Sie dabei auf die Emotionssysteme Ihrer Kunden. Orientieren Sie sich hierzu an den Werten, welche Sie auf der Limbic® Map finden.

Wenn Sie Ihren Kunden bereits kennen, ist es einfach, ein wirkungsvolles und lang anhaltendes Lob und ehrliche Anerkennung zu geben. Wenn es sich um ein Erstgespräch handelt und Sie den Interessenten noch nicht kennen, verwenden Sie am besten Werte aus den unterschiedlichen Emotionssystemen, um zielgenau zu loben – dazu nun einige Ideen für den jeweiligen Kundentypus.

Zeigen Sie Interesse und geben Sie Lob und Anerkennung bei Kunden und Interessenten mit:

- *bevorzugtem Dominanz-System*: Sprechen Sie Werte an wie etwa Durchsetzungsvermögen, Freiheit, Stolz, Ehre, Leistung, Effizienz, Expansion, Mut, Sieg und Ehrgeiz.

- *bevorzugtem Stimulanz-System*: Sprechen Sie Werte an wie Kreativität, Abwechslung, Individualität, Neugierde, Humor, Innovation, Kunst und Spaß.

- *bevorzugtem Balance-Unterstützer-System*: Sprechen Sie Werte an wie zum Beispiel Vertrauen, Herzlichkeit, Toleranz, Freundschaft, Treue, Geborgenheit, Sicherheit und Verlässlichkeit.

- *bevorzugtem Balance-Bewahrer-System*: Sprechen Sie Werte an wie etwa Disziplin, Präzision, Logik, Pflicht, Moral, Sparsamkeit, Gerechtigkeit, Fleiß und Ordnung.

Warum nur wird so wenig gelobt? Ich glaube, es ist die Angst davor, als „Schleimer" zu gelten. Das ist nachvollziehbar. Menschen, die wild und unbegründet darauf losloben, kann es durchaus passieren, dass Ihre Anerkennung nicht ernst genommen wird. Unser Gehirn vergleicht sofort, ob das Lob stimmen könnte, ob es Erfahrungswerte gibt, um dies zu beurteilen. Wenn es keine positive Begründung findet, wird die Botschaft negativ markiert. Adrenalin wird ausgeschüttet und Gefahr signalisiert. Deshalb empfehle ich Ihnen ein Erfolgsrezept:

- Loben Sie – wie beschrieben – stets werteorientiert.

- Begründen und beweisen Sie Ihr Lob. Je genauer und detaillierter Ihre Begründung ausfällt, je einfacher ist es für das Gehirn Ihres Kunden, die „Echtheit" Ihres Lobs nachzuvollziehen.

Sagen Sie zum Beispiel also nicht: „Ihre Firma wird ja immer größer und größer." Denn so aktivieren Sie den „Schleim-Prüf-Filter" Ihres Kunden. Es ist für den Kunden schwer, die Aussage der dahinter-liegenden Absicht zuzuordnen.

Sagen Sie besser: „Ich habe gestern in der *FAZ* gelesen, dass Sie eine weitere Firma aus dem XY-Bereich hinzugekauft haben. (*Entscheidend ist: So begründen Sie Ihr Lob.*) Diese Expansion unterstreicht die Leistungsfähigkeit Ihres Tuns und Ihres Unternehmens. (*Sie sprechen die Dominanzwerte an.*)."

Wenn Sie Ihr Lob und Ihre Anerkennung konkretisieren, werden Sie Ihren Kunden in einen positiven Zustand bringen. Gegen ein ehrliches und treffendes Lob kann sich niemand wehren. Und es gibt immer etwas, das Sie loben können. Sie müssen nur Ihren Blick dafür schärfen.

Schade ist: Selbst wenn Menschen etwas gut finden, sprechen Sie es oft nicht aus. Es erscheint ihnen selbstverständlich. Dabei muss nicht immer gleich eine große Sache gelobt werden. Manchmal freuen wir uns mehr, wenn eine Kleinigkeit von jemandem erkannt und gelobt wird. Und manchmal freuen wir uns, wenn jemand eine positive Eigenschaft an uns entdeckt und dies werteorientiert und begründet zum Ausdruck bringt.

Lob und Anerkennung, Verständnis und Zuneigung – das ist Nahrung für die Seele. Menschen, die Lob und Anerkennung entbehren müssen, drohen psychisch und emotional zu zerbrechen. Einem Menschen jegliche Anerkennung vorzuenthalten, ist für ihn oft schlimmer als zu hungern und zu dürsten. Eine große Anzahl von Menschen hungert oder dürstet nach Anerkennung, auch wenn sie dies nach außen nicht gerne zugeben. Dies ist eine traurige Mangelerscheinung unserer schnelllebigen und unpersönlichen Zeit.

Vielleicht haben Sie auch schon von nachfolgender Begebenheit gehört: Eines Tages bat eine Lehrerin ihre Schüler und Schülerinnen, die Namen ihrer Klassenkameraden auf ein Blatt Papier zu schreiben und ein wenig Platz neben den Namen zu lassen. Dann sagte sie zu ihnen, sie sollten überlegen, was das Netteste sei, das sie über jeden ihrer Mitschüler sagen könnten, und das sollten sie neben den jeweiligen Namen schreiben. Es dauerte die ganze Stunde, bis jeder fertig war, und bevor sie den Klassenraum verließen, gaben sie ihre Blätter der Lehrerin. Diese schrieb am Wochenende jeden Schülernamen auf ein Blatt Papier und daneben die Liste der netten Bemerkungen, die die Mitschüler über den Einzelnen notiert hatten. Am Montag gab sie jedem seine Liste. Schon nach kurzer Zeit lächelten alle Schüler. „Wirklich?", hörte man flüstern. „Ich wusste gar nicht, dass ich irgendjemandem was bedeute!" und „Ich wusste nicht, dass mich andere so mögen", waren die Kommentare. Niemand erwähnte danach die Listen wieder.

Die Lehrerin wusste nicht, ob die Schüler untereinander oder mit ihren Eltern darüber diskutiert hatten, aber das machte nichts aus. Die Übung hatte ihren Zweck erfüllt. Die Schüler waren glücklich mit sich und mit den anderen. Einige Jahre später war einer der Schüler gestorben und die Lehrerin ging zu seinem Begräbnis. Die Kirche war überfüllt mit vielen Freunden. Einer nach dem anderen, der den jungen Mann geliebt oder gekannt hatte, ging am Sarg vorbei und erwies ihm die letzte Ehre. Die Lehrerin ging als letzte und betete vor dem Sarg. Als sie dort stand, fragte einer der Anwesenden, die den Sarg trugen: „Waren Sie Marks Mathelehrerin?" Sie nickte: „Ja". Dann sagte er: „Mark hat sehr oft von Ihnen gesprochen."

Nach dem Begräbnis waren die meisten von Marks früheren Schulfreunden versammelt. Die Eltern des Verstorbenen waren auch da und sie warteten offenbar sehnsüchtig darauf, mit der Lehrerin zu sprechen. „Wir wollen Ihnen etwas zeigen", sagte der Vater und zog eine Geldbörse aus seiner Tasche. „Das wurde gefunden, als Mark gestorben ist. Wir dachten, Sie würden es erkennen." Aus der Geldbörse zog er ein stark abgenutztes Blatt, das offensichtlich geklebt und viele Male auseinander- und zusammengefaltet worden war. Die Lehrerin wusste ohne hinzusehen, dass dies eines der Blätter war, auf denen die netten Dinge standen, die die Klassenkameraden über Mark geschrieben hatten. „Wir möchten Ihnen so sehr dafür danken, dass Sie das gemacht haben", sagte die Mutter. „Wie Sie sehen können, hat Mark das sehr geschätzt."

Alle früheren Schüler versammelten sich um die Lehrerin. Ein Schulkamerad lächelte ein bisschen und sagte: „Ich habe meine Liste auch noch. Sie ist in der obersten Schublade in meinem Schreibtisch." Die Frau eines weiteren Schulkollegen sagte: „Mein Mann bat mich, die Liste in unser Hochzeitsalbum zu kleben." „Ich habe meine auch noch", sagte eine andere Mitschülerin und zeigte ihre abgegriffene und ausgefranste Liste den anderen. „Ich trage sie immer bei mir" und meinte dann: „Ich glaube, wir haben alle die Listen aufbewahrt." Die Lehrerin war so gerührt, dass sie sich mit Tränen in den Augen setzen musste. Darum: Geben Sie unbedingt ehrliches Lob und ehrliche Anerkennung, wo immer es Ihnen möglich ist. Nicht nur Ihre Kunden werden es Ihnen danken.

Übung 11: Sammeln Sie „Lob"-Informationen

Welcher ist Ihr nächster wichtiger Kundenkontakt? Sammeln Sie zu diesem Kunden alle Informationen, die Ihnen die Möglichkeit eröffnen, ihn zu loben:

- Googeln Sie das Unternehmen.
- Googeln Sie Ihren Gesprächspartner.
- Schauen Sie sich die Website an.
- Studieren Sie dort vor allem die Rubriken: „Wir über uns", „News", „Pressemitteilung".
- Lesen Sie den aktuellen Geschäftsbericht.
- Schauen Sie in die Verkaufsprospekte.
- Fragen Sie Kollegen, ob sie Erfahrungen mit dem Kunden und seinem Unternehmen gemacht haben.

Hinweis: Vielleicht können Sie jetzt sogar das bevorzugte Emotionssystem dieses Kunden einschätzen – und Ihr Lob und Ihre Anerkennung auf den Kundentypus abstimmen.

Nachdem Sie nun in Ihrem Kundengespräch die Vertrauensphase limbisch aufgebaut und positiv gemeistert haben, kommen wir zum nächsten Schritt: Jetzt heißt es, Ihrem Kunden interessante Perspektiven aufzuzeigen, ihn neugierig zu machen und für Ihr Anliegen zu öffnen. Lassen Sie uns die nächste Stufe zum Spitzenverkäufer durch Emotionen erklimmen.

Schaffen Sie interessante Perspektiven

Wenn es eine Möglichkeit gäbe, den Kunden oder Interessenten schnell und zuverlässig auf Ihr Angebot neugierig zu machen, wäre das nicht eine interessante Sache für Sie? Der Schlüssel dazu liegt darin, den Fokus auf Ihr Gesprächsziel zu lenken. Selbst wenn wir eine vertrauensvolle Beziehung aufgebaut haben, ist noch lange nicht gesagt, dass sich der Kunde gerade jetzt für unser Angebot interessiert. Wir wissen nicht, welche Gedanken momentan den größten Teil seines Gehirns beanspruchen. Wenn wir nun gleich mit der Tür ins Haus fallen und präsentieren, können wir leicht auf Desinteresse stoßen. Wir brauchen seine volle Aufmerksamkeit, und dazu müssen wir den Boden bereiten, damit die Saat unseres Angebots aufgehen und Früchte tragen kann. Welche Möglichkeiten gibt es, um dieses Interesse zu gewinnen?

Hier ein Überblick über mögliche Interessenwecker:

- Bringen Sie Neuigkeiten.
- Lüften Sie ein Geheimnis.
- Starten Sie mit einem sinnesspezifischen Erlebnis.
- Setzen Sie ein Schaustück ein.
- Überreichen Sie ein originelles Präsent.
- Demonstrieren Sie etwas.
- Verbinden Sie Interessensfragen mit Nutzen.
- Stellen Sie zielgerichtete rhetorische Fragen.
- Starten Sie mit einer Analogie, einem Beispiel oder einer Metapher.
- Beginnen Sie mit einer Behauptung.
- Starten Sie mit provokanten Aussagen.

Sicherlich gibt es noch weit mehr Möglichkeiten. Wichtig ist, dass Sie vor oder nach dem Interessenwecker eine Interessenfrage stellen oder einen Interessensatz anschließen. Diese Interesseneinstiege sollten so formuliert sein, dass sie mit größtmöglicher Wahrscheinlichkeit ein

„Ja", ein Nicken oder eine innere Zustimmung bei Ihrem Gesprächspartner erzeugen. Mögliche Interessenfragen und -sätze sind:

- Wie interessant ist es …?
- Wenn es eine Möglichkeit gibt, …?
- Wie wichtig ist für Sie …?
- Für Sie kenne ich eine Möglichkeit, welche …
- Nur mal angenommen, Sie …

Verbinden Sie spannende Nutzen, Vorteile, Ideen mit den Interessenfragen. Damit werden Sie Ihren Gesprächspartner aus seiner momen-
tanen Gedankenwelt herausreißen. Machen Sie ihn auf diese Weise
neugierig und gewinnen Sie seine volle Aufmerksamkeit für alles, was
danach von Ihnen vorgetragen wird. „Bestechen" Sie den Türsteher in
seinem Gehirn, damit dieser Ihre Botschaft positiv bewertet. Um dies
zu erreichen, habe ich Ihnen einige Beispiele zusammengestellt.

Die Top 10 der erfolgreichsten Interesseneinstiege

Interesseneinstieg 1: Kraftvolle Fragenkombinationen

Bei einem Erstgespräch können wir eventuell noch keine klare Zuordnung der Emotionssysteme unseres Interessenten vornehmen.
Dann ist es sinnvoll, möglichst viele dieser Systeme anzusprechen. Zur
Verstärkung der Interessenaussage können wir die Worte „ohne" oder
„damit" verwenden.

Ein Beispiel: „Wie können wir den Gewinn von Trainings messbar
machen? Wie lernen wir leicht und mit Freude neue Möglichkeiten
auszuprobieren? Wie können wir das alles sicher in die tägliche Praxis
umsetzen?

Auf diese spannenden Fragen werde ich Ihnen eine Lösung *ohne* Wenn
und Aber anbieten und *damit* aufzeigen, wie Ihnen praxisorientiertes
Lernen sofort und dauerhaft messbare Erfolge bringt. Aufgrund unserer mehr als 20-jährigen Erfahrung ..."

Interesseneinstieg 2: Nutzenaspekte kombinieren

Einen schnellen Interesseneinstieg erreichen Sie, indem Sie zwei oder drei interessante Nutzenaspekte miteinander verbinden:

- „Wie interessant wäre es für Sie, 20 Prozent der Kosten zu sparen und gleichzeitig die Effektivität dauerhaft um zehn Prozent zu steigern? Wenn das ein Thema für Sie ist, sollten wir uns gleich auf das Wesentliche konzentrieren."

- „Wenn es eine Möglichkeit gibt, all Ihre Mitarbeiter in den Veränderungsprozess zu integrieren und diese dabei noch persönlich weiterzuentwickeln: Ist das ein Thema für Sie?"

- „Wussten Sie schon, dass es jetzt möglich ist, die neueste Technologie in Ihren Tagesablauf ganz einfach zu integrieren? Wenn es möglich wäre, dies zu tun, ohne dabei den laufenden Geschäftsbetrieb zu stören – interessiert Sie das?"

Interesseneinstieg 3: Sinnesspezifische Interessenwecker

Da haben wir zunächst einmal den **visuellen** *Einstieg*: Verbinden Sie dazu ein Bild, ein Foto oder eine Zeichnung mit einer spannenden Aussage einer Analogie oder einer Metapher. Bei IN*tem* setzen wir schon seit über 20 Jahren die folgende Abbildung ein, um den Nutzen, den wir bieten, zu visualisieren.

Abb. 16: Schulungen erinnern oft an den Versuch, mit einem Feuerwehrschlauch einen Wassereimer zu füllen. Möchten Sie eine bessere Methode kennenlernen?

Jetzt können Sie den visuellen Interesseneinstieg mit Ihren Kenntnissen bezüglich des jeweiligen Emotionssystems abstimmen:

- Dominanz-System: „Möchten Sie eine effizientere und gewinnbringende Methode kennenlernen?"

- Stimulanz-System: „Interessiert Sie eine aufregend neue und zukunftstaugliche Lösung?"

- Balance-Bewahrer: „Sind Sie an einer sicheren und bewährten Methode interessiert?"

- Balance-Unterstützer: „Wenn es eine einfache und für alle Beteiligten vorteilhafte Lösung gäbe: Wäre das interessant für Sie?"

Manchmal haben Sie es im Verkaufsgespräch mit mehreren Personen zu tun. Das heißt, Sie müssen unterschiedliche Gesprächspartner wie z. B. Geschäftsführer, Controller, Personalentwickler, den Leiter der Abteilung Forschung/Entwicklung oder auch einen Einkäufer überzeugen. Schon aufgrund ihrer Tätigkeiten sind für jeden andere Motive und Werte wichtig. Somit haben diese auch auf der Limbic® Map unterschiedliche Positionierungen. Ihre Entscheidungen treffen sie aufgrund dieser unterschiedlichen Motive. Hier nutzen Sie als Verkäufer am besten den Multicode, um möglichst alle oder doch zumindest viele Limbic®-Typen mit Ihrer Interessenaussage anzusprechen. Wählen Sie also eine Formulierung, mit der Sie gleich mehrere Emotionssysteme ansprechen, wie z. B. „Heute möchte ich Ihnen eine gewinnbringende und bewährte Methode vorstellen, die einfach umsetzbar ist und neueste zukunftsweisende Lösungen bietet."

Kommen wir zum **auditiven Einstieg**: Lassen Sie Ihren Gesprächspartner etwas Interessantes hören. Etwas, das Sie in einen Bezug zu Ihrem Angebot setzen können. Hier können Sie zum Beispiel mit Zitaten und Geschichten arbeiten.

Es gibt überdies die Möglichkeit, Ihren Kunden zu überraschen, indem Sie etwas vollkommen Außergewöhnliches versuchen. Eine Teilnehmerin unseres Trainingsprogramms war Leiterin eines Call-Centers. Sie hatte die folgende Idee erfolgreich angewendet: Beim Kunden legte sie ein Diktiergerät auf den Tisch und schaltete es ein. Eine angenehme Frauenstimme war zu vernehmen, die den Zuhörer charmant begrüßte. Nachdem sie das Gerät ausgeschalten hatte, lachte sie ihren Gesprächspartner an und sagte: „Diese angenehme Stimme könnte in Zukunft Ihre Termine vereinbaren. Ist das interessant für Sie?" Der nachweisliche Erfolg, den sie mit diesem Einstieg erzielte, ist ein Beleg dafür, dass es sich lohnt, intensiv über ungewöhnliche Interessensfragen nachzudenken.

Weiter gibt es den **kinästhetischen und haptischen Einstieg**, der über den Tastsinn erfolgt. Dazu eignen sich kleine Geschenke, die eine Verbindung zu Ihrer Tätigkeit herstellen, oder auch Produktmuster, die Ihr Interessent anfassen kann. Sparkassen haben zum Beispiel zur Erläuterung ihres Finanzplanungssystems eine Holzpyramide aus Bausteinen entwickelt. Jeder Baustein stellt eine Lebensphase dar. Wenn ein Baustein fehlt – dazu wird er vom Berater herausgenommen – gerät die Pyramide natürlich ins Wanken.

Bei INt*em* setzen wir gerne einen Traubenzuckerwürfel ein, auf dem das Wort „Energiespender" steht, oder eine Pillenschachtel mit Pfefferminzbonbons, auf der der Satz „7 Vitamine für mehr Verkaufserfolg" zu finden ist. All diese Gegenstände lassen sich anfassen und vermitteln dem Kunden einen sinnlich erfahrbaren Eindruck. Wichtig ist auch hier, dass Sie das haptische Demonstrationsobjekt stets mit einer interessanten Frage verknüpfen. So erreichen Sie die Aufmerksamkeit Ihrer Gesprächspartner gleich zu Beginn des Gesprächs.

Wenn Sie über ein haptisches Demonstrationsobjekt verfügen, das man zudem riechen oder schmecken kann, sollten Sie es gleich zu Gesprächsbeginn einsetzen. Lassen Sie Ihre Interessenten etwas erleben. Verbinden Sie auch diese Darbietung mit einem Interessensatz. Lassen Sie solche Chancen nicht ungenutzt und wecken Sie das Interesse Ihres Gesprächspartners auf allen Sinneskanälen.

Interesseneinstieg 4: Behauptungen aufstellen

Eine weitere Möglichkeit, Interesse zu wecken, besteht darin, eine Behauptung aufzustellen. Ganz gleich, ob diese positiv oder negativ grundiert ist: Begründen Sie Ihre Behauptung. Zeigen Sie die Konsequenzen auf. Bieten Sie dann für den jeweiligen limbischen Typ Lösungen an.

Ein Formulierungsbeispiel ist: „Tatsache ist, dass die XY-Branche einen Rückgang von zurzeit 8,3 Prozent zu verzeichnen hat. Für die Zukunft werden jährlich weitere zwei Prozent prognostiziert. Wenn das so weitergeht, dann … Heute geht es darum, diesem Trend entgegenzuwirken und die Abwärtsspirale zu durchbrechen."

Eine mögliche Multicode-Formulierung lautet: „Möchten Sie eine funktionierende Lösung hierfür kennenlernen? Oder eine einfache Möglichkeit nutzen? Oder eine neue Idee erhalten, die schnell greift? Dann ist unser Gespräch heute genau das richtige!"

Interesseneinstieg 5: Originelles Geschenk und Metapher oder Analogie
Eine Analogie stellt einen Zusammenhang her zwischen Ihrer Aussage und dem, was Ihr Gesprächspartner kennt. Eine Metapher ersetzt zum Beispiel etwas Unbekanntes durch etwas Bekanntes und konkretisiert etwas Abstraktes. Das Beispiel verdeutlicht diese Art des Gesprächseinstiegs: Eine Immobilienfirma versendet die Hälfte einer zweiteiligen Schieblehre (siehe Abbildung 17) an Architekten, mit denen sie Geschäfte machen will.

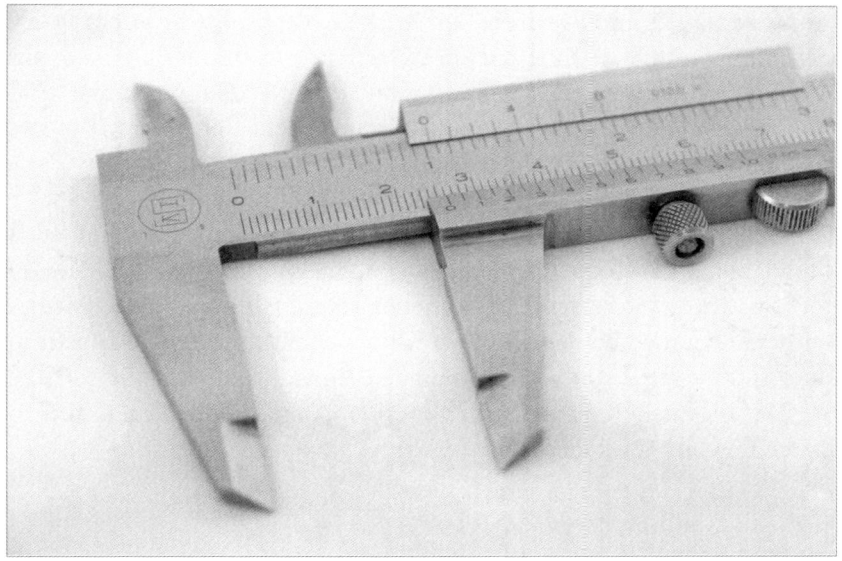

Abb. 17: Kreativer Auftakt für eine Geschäftsbeziehung: Eine zweiteilige Schieblehre als Geschenk für Architekten.

Beim Besuch des Immobilienmitarbeiters beim Architekten sagt dieser sofort: „Sie haben uns nur eine halbe Schieblehre zukommen lassen." Darauf der Immobilienmann: „Ja, das war Absicht, ich habe hier die zweite Hälfte dabei. Lassen Sie uns schauen, wie gut wir zusammenpassen. Ist das ein Thema für Sie?"

Dieses Beispiel wurde mir von einem Seminarteilnehmer berichtet. Dieser sprach von einem wahren „Eisbrecher": Aus der kleinen, aber Aufsehen erregenden und ungewöhnlichen Gesprächsvorbereitung und -eröffnung erwuchs eine sehr erfolgreiche Kooperation. Die Architekten besorgten Grundstücke und planten die Objekte. Die Immobilienfirma baute und verkaufte diese.

Bei INtem trainieren wir in elf Halbtages-Trainingsintervallen. Einen „süßen" Großauftrag erhielt eine Trainerin mit folgendem Interesseneinstieg: Sie kaufte eine Torte und ließ diese in elf Stücke schneiden. Sie schenkte dem Kunden die Torte mit den Worten: „Bei unseren Trainings ist das genauso wie bei dieser Torte: Man isst sie ja auch nicht am Stück, sondern teilt sie in kleine Stückchen. So lässt sie sich besser verdauen und es wird einem nicht schlecht. Bei unserem Intervalltraining gibt es auch elf kleine Wissensstücke, um das Gelernte gut verdauen zu können ...". Sofort organisierte der Kunde Kaffee, und dann wurde das Konzept ausführlich besprochen. Der Auftrag brachte der Trainerin natürlich ein Vielfaches der Torteninvestition ein.

Sicher war das eine mutige Vorgehensweise. Doch probieren Sie selbst einmal solch eine kreative Idee aus. So bleiben Sie angenehm im Gedächtnis Ihres Interessenten und heben sich positiv von Ihren Mitbewerbern ab. Auch bricht ein solcher Einstieg oft das Eis und es geht in einer interessierten und wohlwollenden Atmosphäre weiter. Beachten Sie: Das originelle Geschenk muss selbstverständlich zu Ihnen und zu Ihrem Produkt oder Ihrer Dienstleistung passen.

> ### Übung 12: Nehmen Sie sich Zeit zum Nachdenken
> - Auf diesen Seiten lernen Sie zehn interessante Gesprächseinstiege kennen. Doch nicht alle Einstiege sind für alle Kunden gleich gut geeignet.
> - Überlegen Sie zunächst: Bei welchen meiner Stammkunden, bei welchen meiner wichtigsten Kunden ist welcher Einstieg am besten geeignet?
> - Passen Sie die Einstiege den vier Emotionssystemen an. „Behauptungen aufstellen" – das könnte dem Kunden mit bevorzugtem Dominanz-System gar nicht gefallen, weil er sich allzu sehr gegängelt und provoziert fühlt.

Interesseneinstieg 6: Neuigkeiten bringen
Eine einfache und schnelle Methode ist, Ihre Kunden mit einer Neuigkeit zu überraschen. Wenn Sie diese Neuigkeit für Ihre Kunden entdeckt haben, fordert es meist keine weitere größere Vorbereitung. Eröffnen Sie Ihr Gespräch einfach folgendermaßen: „Wussten Sie schon, dass es heute möglich ist, mit dieser XY-Technologie den De-

ckungsbeitrag bis zu 5 Prozent zu erhöhen? Wie interessant ist das für Sie?"

Interesseneinstieg 7: Das geheime Schaustück

Diese Strategie ist ebenfalls einfach und beinahe universell einsetzbar. Nehmen Sie ein „geheimnisvolles Schaustück" und stellen Sie es zu Beginn Ihrer Gespräche in den Mittelpunkt. Halten Sie zum Beispiel einen kleinen Karton hoch und sagen etwas wie: „In diesem Karton steckt die Lösung für Ihr XY-Problem. Später werde ich Ihnen verraten, was darin ist."

Der Effekt: Die Zuhörer sind neugierig und wollen herausfinden, was sich wohl in dem Karton befindet, und werden während Ihres Gesprächs ständig versuchen, aus Ihren Ausführungen herauszuhören, was die Lösung ist. Das sichert Ihnen die Aufmerksamkeit Ihrer Kunden. Das Geheimnis lüften Sie natürlich erst am Schluss. Führen Sie Ihr interessantes Schaustück vor – oder vielleicht ist es sogar ein Geschenk, welches Sie am Ende Ihrem Kunden überreichen. So schaffen Sie Emotionen.

Interesseneinstieg 8: Provozieren Sie

Ein Unternehmensberater, der sich bei uns vorstellte, eröffnete das Gespräch mit folgender provokanten Aussage: „Ich mag keine Unternehmensberater. Ich mag nicht Ihre Helikopter-Mentalität: landen, viel Staub aufwirbeln, viel Lärm machen – und bevor sich der Staub gelegt hat, mit dem Scheck des Kunden in der aufgewirbelten Luft wieder davonfliegen. Aber wenn Sie an einer funktionierenden umsetzbaren Lösung interessiert sind, dann ...".

Solche Eröffnungen müssen mit einem Lächeln über die Lippen kommen, denn Sie möchten Ihren Kunden ja nicht verärgern. Um bei Ihren Gesprächspartnern ebenfalls ein Lächeln zu provozieren, könnten Sie mit dem folgenden Satz fortfahren: „Wären Sie arg enttäuscht, einmal einen Berater kennenzulernen, der ganz anders vorgeht?"

Ein weiteres Beispiel für eine mutige Eröffnung ist: Ein Verkäufer überreicht einem hartnäckigen Nicht-Kunden einen Blumenstrauß mit den Worten: „Wir haben heute Jubiläum." Dann sagt er zu dem erstaunten Nicht-Kunden. „Heute bin ich zum x-ten Mal hier und wir haben immer noch kein Geschäft gemacht." – Viele unserer Trainingsteilnehmer, die diese Eröffnung ausprobiert haben, berichten, einen Probeauftrag erhalten zu haben. Sicher ist dies eine mutige Variante. Aber: Keinen Auftrag haben wir doch schon! Es kann sich also nichts verschlechtern.

Interesseneinstieg 9: Der direkte Einstieg

Eine schnelle und zielführende Möglichkeit, direkt auf den wesentlichen Punkt zuzusteuern, ist: Nachdem Sie eine gute Beziehung zum Kunden aufgebaut haben, fragen Sie ihn direkt: „Was genau interessiert Sie jetzt bei unserem Gespräch? Welche Wünsche können wir Ihnen erfüllen? Welche Probleme können wir für Sie lösen?"

Sie wissen ja, wie die Emotionssysteme funktionieren: Positives sollte verstärkt und Negatives verringert werden. Das sind die Erfolgscodes. Wenn die Beziehung zu Ihrem Kunden gut ist, wird er Sie mit den Antworten auf Ihre Fragen direkt auf die Ziellinie führen. Und dann sollten Sie durch gezielte Fragen seine Motive und Werte erkunden – damit beschäftigen wir uns gleich ausführlicher.

Interesseneinstieg 10: Storytelling – von Geschichten und Beispielen

Talks tell, stories sell. Menschen lieben Geschichten. Nutzen Sie deshalb Geschichten, Erfolgsstorys und Analogien, damit sich Ihre Gesprächspartner mit den Inhalten Ihrer Präsentationen identifizieren können. Dabei sollen diese Emotionen auslösen.
Einfache Analogien sind zum Beispiel:

> „Ein Verkaufstraining ist wie eine Axt zu schärfen. Wann haben Sie zum letzten Mal Ihre Axt geschärft?"

> „Wer einen Fisch fangen will, muss ans Wasser gehen. Wer Verkaufsgespräche führen will, muss seine Kunden ansprechen – und zwar heute. Weder gestern noch morgen ist es möglich, die Arbeit von heute zu tun. Ist es interessant für Sie, das Heute positiv zu beeinflussen?"

Etwas anspruchsvoller ist es, eine gemachte Erfahrung in eine spannende Geschichte zu packen, um den Gesprächseinstieg interessant zu gestalten:

„Gestern rief mich der Chef unserer Entwicklungsabteilung an. Ganz euphorisch erzählte er mir von dem Durchbruch bei unserem Produkt. 10
Prozent Energieeinsparung, dauerhaft. Drei Jahre Forschungsarbeit haben sich gelohnt. Unser Großkunde Firma XY hat dieses tolle Ergebnis
bestätigt und bereits die nächste Bestellung aufgegeben. Ein Thema, das
sicher auch bei Ihnen hochinteressant ist. Das ist unser Thema für heute ..."

Gestalten Sie Ihre Erlebnisberichte möglichst spannend. Ihr Kunde
muss sich mit Ihrem Erfolgsbericht identifizieren können. Erzählen Sie
kurze Erfolgsgeschichten, etwa von Ihrem Produkt, von Ihrer Firma,
von einem Kunden oder auch von der Entwicklung Ihres Angebots.
Erzählen Sie Geschichten, die zum Nachdenken anregen oder zum
Handeln auffordern. Sprechen Sie in kurzen Sätzen, die Bilder im
Kopf Ihres Gesprächspartners erzeugen.

Zum Schluss noch ein Tipp: Wenn Sie das bevorzugte Emotionssystem
Ihres Kunden kennen, dann binden Sie in Ihre Geschichte seine Werte
(siehe die Limbic® Map) ein. Bei Kunden mit dem bevorzugten Dominanz-System sind dies die bereits erwähnten Werte wie Ruhm, Status, Stolz, Durchsetzung und Leistung.

Diese Geschichten können und sollten Sie gut vorbereiten. Wenn Sie
diese Erfahrung selbst erlebt haben und motiviert vermitteln können,
werden Sie Ihre Emotionen auf Ihre Kunden übertragen. Lassen Sie
den Funken überspringen.

Übung 13: Werden Sie zum „Geschichtenerzähler"

- Schreiben Sie sich für jedes der vier Emotionssysteme (Dominanz, Stimulanz,
  Balance-Unterstützer, Balance-Bewahrer) eine passende und spannende Geschichte auf. Achten Sie darauf, dass die richtigen Werte aus dem jeweiligen
  System in der Geschichte vorkommen.
- Üben Sie das Erzählen dieser Geschichte. Achten Sie dabei auf Ihre Tonalität,
  die Sprechpausen oder besser gesagt: die Wirkpausen, Ihre Körpersprache,
  den Blickkontakt und die Betonung.

Sie haben nun einige der Möglichkeiten kennengelernt, ein Gespräch
interessant zu eröffnen und den Kunden emotional zu erreichen, damit er Ihnen neugierig zuhört. Nutzen Sie diese auch *während* Ihrer
Verkaufsgespräche, um Ihre Kunden immer wieder in einen Interes-

senzustand zu bringen. Lassen Sie den Türsteher die Emotionstüren weit öffnen.

Erst fragen – dann präsentieren

Sie haben lebhaftes Interesse geweckt. Der Kunde möchte jetzt wissen, wie genau Ihre Lösung aussieht. Was Sie für ihn bereit halten. Wer jetzt zu früh die Katze aus dem Sack lässt, läuft Gefahr, das Interesse seines Kunden wieder zu verlieren. Nämlich dann, wenn sein Angebot die Motive und Werte des Gesprächspartners nicht anspricht.

Deshalb ist der nächste Schritt von höchster Bedeutung: Wir müssen vor unserer Angebotspräsentation die richtigen Fragen stellen. Wenn wir emotional verkaufen wollen, müssen wir erfragen, was unseren Kunden emotional bewegt. Erst wenn wir das wissen, können wir unser Angebot mit der „richtigen" Emotion im bevorzugten Emotionssystem unseres Kunden präsentieren, überzeugend argumentieren und mögliche Einwände wirkungsvoll behandeln.

Sie wissen ja: „Der Köder muss dem Fisch schmecken und nicht dem Angler". Erfahren Sie jetzt, wie wir an die Motive und Werte gelangen, die wir für unsere Angel benötigen.

Betreten Sie die Kundenwelt durch Limbic® Sales-Fragen

Der liebe Gott hat uns – nach Goethe – zwei Ohren, aber nur einen Mund gegeben, um doppelt so viel zu hören als zu reden. Das bedeutet für uns im Verkauf: Fragen Sie Ihren Kunden, was er will – und lauschen Sie aktiv und interessiert den Antworten. Hören Sie zu, oder besser: Hören Sie hin. Oder noch besser: Hören Sie hinein und versetzen Sie sich in die Lage Ihres Kunden. Empfangen Sie und entschlüsseln Sie seine Motive und Werte.

Das bedeutet aber auch: Präsentieren Sie noch nicht. Denn nur wer fragt, der führt. Führen Sie Ihren Kunden zuerst zu seinen Wünschen. Wecken Sie seine Emotionen. Jeder Mensch hat andere Werte und damit andere Entscheidungskriterien. Das Fragen nach den Motiven und Werten ist bei der Limbic® Sales-Strategie der wichtigste Baustein. Diese Fragen sind der Schlüssel zum emotionalen Einkaufsverhalten Ihres Kunden.

Die zielführende Fragenkombination

Mit der richtigen Fragenkombination führen Sie den Kunden zu Antworten, die seine Emotionen wecken. Sie aktivieren sein Belohnungssystem, ein gutes Gefühl entsteht, Glückshormone werden ausgeschüttet – vor allem, wenn es Ihnen gelingt, das bevorzugte Emotionssystem Ihres Kunden anzusprechen. Da seine „Systeme" nicht direkt zu uns sprechen können, erkennen Sie die wichtigen Werte und richtigen Motive Ihres Kunden an seinen Antworten und seinem nonverbalen Verhalten.

Also: Wenn Sie die gewünschten Gefühle auf Kundenseite aktiviert haben, erkennen Sie das an seinen Worten, dem Ton und der Körpersprache. Der Ton wird zugänglich und interessiert, vielleicht sogar euphorisch. Die Worte verraten Ihnen die Motive und Werte des Kunden. Und der Körper signalisiert seine Freude durch Lachen, zustimmendes Kopfnicken und ein „strahlendes" Gesicht. Er wendet sich Ihnen zu und „schwingt" mit Ihnen. Rapport ist hergestellt. Die Spiegelneuronen entfalten ihre Wirkung. Erst jetzt haben Sie eine vertrauensvolle Beziehung hergestellt, erst danach sollte Ihre Verkaufspräsentation beginnen, die Sie gezielt auf die bevorzugten Emotionssysteme abstimmen können. Dazu mehr im nächsten Kapitel – an dieser Stelle geht es aber zunächst um die Klärung, welche Fragen uns zum Ziel führen. Lassen Sie dazu eine kleine Geschichte auf sich wirken:

Ein junger Novize stellte sich zum Beginn seines Klosterlebens dem Abt vor, welcher ihn mit den Regeln des Klosters bekannt machte. Nachdem der Novize alles Wissenswerte gehört hatte, war er stark an einer Frage interessiert, denn er war Raucher. So fragte er den Abt: „Darf ich denn beim Beten rauchen?" Der lehnte dieses Anliegen strikt ab. Nun bezog der Novize seine Kammer, richtete sich ein und am nächsten Morgen ging er in die Kapelle und kniete zum Beten nieder.

Als er sich so umschaute, sah er an seiner rechten Seite einen Mönch, der beim Beten rauchte. Dies erregte ihn sichtlich. Empört sprang er auf, lief hin und her und murmelte in seinen Bart. Der Mönch, der das bemerkte, fragte ihn ganz ruhig, was ihn denn so nervös mache. Der Novize erzählte ihm, dass er mit dem Abt über das Thema beim Beten zu rauchen gesprochen habe und dieser ihm das Rauchen verboten habe. Doch anscheinend würde auch hier im Kloster mit zweierlei Maß gemessen. Die Älteren dürften rauchen, er aber nicht. Das stimme ihn zornig. Der Mönch blieb ruhig und fragte weiter: „Was genau hast du den Abt denn gefragt?" Der Novize antwortete wahrheitsgemäß: „Ich habe gefragt, ob ich beim Beten rauchen dürfe." Darauf hat der Abt es verneint. Der Mönch lächelte ihn an und sagte: „Siehst du, mein Sohn, ich habe den Abt auch gefragt, aber ich fragte ihn, ob ich beim Rauchen auch beten dürfe, und da hat mir der Abt geantwortet: „Natürlich darfst du das, mein Sohn."

Sie sehen, Frage ist nicht gleich Frage. Es geht darum, die richtigen Fragen zu stellen. Viele Verkäufer haben sich mit den verschiedensten Frageformen beschäftigt, mit offenen und geschlossenen Fragen, mit Alternativ- und Suggestivfragen, mit hypothetischen Fragen und Gegenfragen und, und, und … Darum geht es jetzt nicht. Wir wollen Motive und Werte erfahren. Dazu nutzen wir meist die offenen Fragen, das sind die bekannten W-Fragen, oder auch zielführende Fragen. Arbeiten Sie mit folgender Fragestrategie:

* Zielfragen
* Verständnisfragen und
* Wertefragen

Der große Vorteil dieser Fragenkombination: Die Antworten Ihres Kunden auf diese Fragen, zeigen Ihnen gleichzeitig sein beherrschendes Emotionssystem. Beginnen Sie mit den *Zielfragen*. Mit ihnen lernen Sie die Vorstellungen, Wünsche und Ziele Ihrer Kunden kennen. Hier einige Beispiele:

* „Was erwarten Sie von …?"
* „Was ist Ihnen besonders wichtig?"

- „Worauf legen Sie Wert?"
- „Was sollte nicht sein?"
- „Worauf möchten Sie nicht verzichten?"
- „Was sind Ihre Wünsche?"
- „Was bevorzugen Sie?"

Achten Sie jetzt genau auf die Antworten. Wenn möglich, schreiben Sie diese mit. Viele Antworten Ihrer Gesprächspartner (bis zu 90 Prozent) sind eher unspezifisch, ungenau und unklar. Sie müssen hinterfragt werden. Wir hören zwar, was ein Kunde will, aber wir wissen noch nicht, was genau er meint. Wie es sich für ihn, in seiner Welt, darstellt.

Wenn ich mit einem Kunden, etwa einem Personalverantwortlichen, spreche, erhalte ich auf die Frage, was ihm bei der Mitarbeiterentwicklung wichtig sei, oft die folgende Antwort: „Sie müssten mehr motiviert sein." Jetzt mit der Angebotspräsentation für ein Training zu starten, käme einem Glückspiel gleich. Die Kundenantwort ist dazu einfach zu unspezifisch.

Lassen Sie uns den Satz des Personalverantwortlichen genauer anschauen: „Sie müssten mehr motiviert sein." Wer genau sind „sie"? Alle Mitarbeiter, einzelne Mitarbeiter, die aus dem Außendienst, aus dem Innendienst? Was heißt „müssten"? Was geschieht, wenn sie ihre Arbeit nicht motiviert angehen und erledigen? Was bedeutet das Wörtchen „mehr"? Sollen sie jeden Tag motivierter agieren oder immerzu lächeln oder jeden Tag vor Freude auf dem Tisch tanzen? Wie kommt es, dass die Mitarbeiter nicht so motiviert sind? Und was bedeutet „motiviert" genau? Ich habe das Wort gegoogelt. Es kam in 0,05 Sekunden zu ca. 3,5 Millionen Ergebnissen, bei „Motivation" in 0,06 Sekunden zu ca. 44,2 Millionen Ergebnissen. Wie kann ich als Verkäufer ahnen, was der Kunde mit der einfachen Aussage „motiviert" genau meint?

Interpretieren Sie nicht, wie die Blinden im folgenden Beispiel. Ein Gleichnis erzählt von sechs blinden Männern, die gebeten wurden einen Elefanten zu beschreiben. Jeder der sechs Männer berührte ein anderes Körperteil des Tieres und so kamen sie zu folgender Beschreibung: Der Blinde, der das Bein befühlte, sagte, dass ein Elefant wie eine Säule sei. Der, der den Schwanz berührte, meinte, dass ein Elefant wie ein Seil sei. Der, der den Rüssel anfasste, glaubte, dass ein Elefant wie ein Ast sei. Der, der das Ohr abtastete, war der Meinung, dass ein Elefant wie ein Handfächer sei. Der, der den Bauch betastete, erklärte, dass ein Elefant wie eine Wand sei und der, der den Stoßzahn berührte, empfand, dass ein Elefant wie eine solide Röhre sein. Alle hatten recht und lagen trotzdem falsch. Deshalb ist es wichtig, dass wir nicht nur einen Teil verstehen, sondern das Ganze. Die Konsequenz: Wir *müssen* Verständnisfragen stellen, wenn wir überhaupt die Chance haben wollen, die Vorstellungswelt des Kunden zu betreten.

Die Antworten auf *Verständnisfragen* liefern uns ein genaueres und detailliertes Bild. So lassen sich die Aussagen, die man auf die Zielfragen erhalten hat, konkretisieren. Sie liefern uns Details aus der Emotionswelt unseres Kunden. Hier einige Beispiele:

- „Was bedeutet das für Sie?"
- „Was meinen Sie mit XY?"
- „Was verstehen Sie unter XY?"
- „Was genau haben Sie sich unter XY vorgestellt?"
- „Wen meinen Sie?"
- „Was bedeutet XY genau?"
- „Was heißt das konkret für Sie?"

Jetzt erst betreten Sie die wirkliche Welt Ihres Kunden. Notieren Sie auch die Antworten fleißig mit, denn nun bekommen Sie erst eine Vorstellung von der Motiv- und Wertewelt des Kunden. Der Emotions-Spitzenverkäufer fragt sich noch tiefer in die Emotionssysteme seiner Kunden hinein – und zwar mit der Wertefrage. Denn *Wertefragen* führen den Kunden dazu, seine Beweggründe und Motive zu nennen, die bei ihm eine Kaufentscheidung auslösen könnten:

- „Was ist an XY für Sie wichtig?"
- „Worauf legen Sie Wert?"

- „Wozu möchten Sie das?"
- „Weshalb ist XY für Sie wichtig?"
- „Was bringt Ihnen das?"

Achten Sie bei den Antworten genau auf die Motive und Werte, die Ihr Kunde nennt oder mitschwingen lässt, auch ohne sie dezidiert auszusprechen. Notieren Sie die Werte, die mit den Aussagen angesprochen werden. Einfaches Beispiel: Sagt der Kunde, er wolle mit dem Finanzprodukt seinen Urlaub im Amazonasgebiet finanzieren, geht es ihm wahrscheinlich um die Werte Abenteuer und Unabhängigkeit. Spitzenverkäufer wissen, wo diese Werte auf der Limbic® Map zu finden sind. So erkennen sie das bevorzugte Emotionssystem des Gesprächpartners.

Beobachten Sie Körperhaltung, Gestik und Mimik sowie Tonalität des Kunden. Nehmen Sie wahr, an welchen Stellen des Gesprächs, bei welchen Fragen und Antworten er emotional reagiert. Und prüfen Sie, ob Sie „Glückhormone" beim Kunden freisetzen konnten.

Fassen Sie zur Kontrolle zusammen, was der Kunde geantwortet hat, und nutzen Sie dabei die Worte und Werte Ihres Gesprächspartners. Schwingen Sie sich auch sprachlich auf ihn ein. Lassen Sie ihn seinen emotionalen Zustand nochmals erleben.

Limbic® Sales-Fragen führen Sie in die Emotions-, Wunsch- und Wertewelt Ihrer Gesprächspartner. Sie geben Ihnen Auskunft über ihre jeweiligen Emotionssysteme. Mit ihnen erkunden Sie die Wertelandkarte Ihrer Kunden. Ihr Angebot wird dann im wahrsten Sinne des Wortes „wertvoll" und ruft ein gutes Gefühl hervor. Mit dieser Strategie aktivieren Sie sein Belohnungssystem.

Wichtig: Aktivieren Sie auch die „Weg-vom-Schmerz-Motivation" Ihres Kunden. Versuchen Sie mit Ihren Fragen herauszubekommen, was er auf keinen Fall wünscht. Wenn Sie Schmerz vermeiden oder vermindern, reduzieren Sie die schlechten Gefühle Ihres Kunden und lösen somit weitere Kaufemotionen aus.

Tipps zur Verbesserung Ihrer Fragekompetenz

- „Darf ich Ihnen einige Fragen stellen?" – Fragen Sie Ihren Kunden um Erlaubnis, ob Sie ihm einige Fragen stellen dürfen.
- Fragen Sie, ob Sie mitschreiben dürfen.
- Fragen Sie immer zielgerichtet.
- Stellen Sie kurze und präzise Fragen.
- Stellen Sie Ihre Fragen „sanft", damit sich der Kunde nicht wie in einem Verhör vorkommt.
- Setzen Sie Ihre Gestik, Mimik und Körpersprache ein.
- Lassen Sie Ihren Kunden ausreden, fallen Sie ihm nicht ins Wort, hören Sie zu, der Redeanteil des Kunden sollte den Ihren übersteigen. Warten Sie ab, bis er alles gesagt hat.
- Beantworten Sie Ihre Fragen nicht selbst.
- Zeigen Sie nonverbal, dass Sie den Kunden verstehen und aktiv zuhören. Lächeln Sie, nicken Sie und geben Sie kurze Feedbacks wie etwa „ja, prima, gut, genau".
- Fassen Sie das Gesagte am Schluss nicht mit Ihren eigenen, sondern mit den Worten Ihres Gesprächspartners zusammen.
- Leiten Sie jetzt zur Präsentation über:
  - „Dann habe ich etwas Passendes für Sie ..."
  - „Hier habe ich eine Lösung, die Sie weiterbringt ..."
  - „Vielen Dank, dann möchte ich Ihnen XY vorstellen ..."

Jetzt steigen Sie in die Angebotsphase ein. Der Vorteil: Da Sie nun die Wünsche, Werte und das bevorzugte Emotionssystem des Kunden kennen, müssen Sie nicht mehr verkaufen. Sie müssen ihn nicht mehr überreden oder überrumpeln. Sie können ihm vielmehr dabei helfen, das einzukaufen, was er tatsächlich benötigt. Helfen Sie ihm, das zu bekommen, was er wirklich will. Werden Sie zum Wunsch- und Traumerfüller. Verwandeln Sie Druck in Sog. Es gibt nichts Schöneres, als wenn der Kunde am Ende Ihres Gespräches fragt: „Und wo gibt es so etwas?" Und Sie mit Freude sagen können: „Bei mir!" Denken Sie immer daran:

- Mit Fragen kommen Sie schnell und effektiv auf den Punkt.
- Mit Fragen erfahren Sie Neues und Besonders über Ihren Kunden.
- Durch Fragen bekommen Sie Sicherheit für Ihre Angebotspräsentation.
- Mit Fragen erreichen Sie *den Menschen* im Verkaufsgespräch.

Jetzt ist die Zeit reif, Ihre Verkaufspräsentation zu beginnen. Jetzt stehen die Chancen gut, dass Ihre Nutzen auf fruchtbaren Boden fallen. Jetzt wird Sie der Wächter des Unbewussten eintreten lassen. Jetzt können Sie den entscheidenden Ziel-/Kaufzustand aufrufen.

Rufen Sie den entscheidenden Ziel-/Kaufzustand auf

Natürlich kaufe auch ich gerne ein. Weil ich etwas haben möchte, weil ich meine Motive und Werte damit bedienen kann, weil ich ein gutes Gefühl dabei habe. Die positiven Impulse meiner Emotionssysteme geben „grünes Licht" an meinen Geldbeutel – und dann kaufe ich. Allerdings: Vielen Verkäufern gelingt es immer wieder, ihre Kunden daran zu hindern, etwas zu kaufen – das belegt die folgende Geschichte:

Es war an einem Mittwoch. Ein Verkäufer betrat unser Büro, begrüßte mich kurz und packte seine Folienmappe aus. Um der Folienschlacht eine Richtung zu geben, beantwortete ich schon einmal vorsichtshalber seine nicht gestellten Fragen. Ich sagte, worauf wir Wert legen, was unser Ziel ist und uns besonders wichtig ist. Seine Antwort verblüffte mich. Sie lautete: „Habe ich bereits alles in dem Angebot bedacht." – Nun, woher wollte er das wissen? – Und dann ging es los. Er erzählte Geschichten aus der Gründungszeit seines Unternehmens und erstattete einen detaillierten Entwicklungsbericht. Dann listete er die Referenzkunden auf, allerdings keinen aus unserer Branche. Weiter ging es mit seinem Produkt. Wie gut es ist, wie toll es funktioniert. Was es alles kann. Folie um Folie um Folie ... Die für mich wichtigen Nutzen konnte ich nicht erkennen. Ein Argument nach dem anderen kam wie aus einer Maschinenpistole auf mich zugeschossen, sie interessierten und berührten mich aber kaum. Bei tausend Schuss in der Minute wird die eine oder andere Kugel wohl schon treffen – diese Hoffnung des Verkäufers erfüllte sich bei mir nicht. Meinen innerlichen Rückzug nahm er nicht einmal ansatzweise wahr.

Die Menge an unnötiger Information hatte mein Gehirn inzwischen überlastet. Es hatte bereits „abgeschaltet". Eine vertrauensvolle Beziehung konnte sich so nicht entfalten. Mein emotionaler Türwächter hatte alle Zugänge bereits fest verschlossen. Der Höhepunkt kam dann allerdings noch, als er mir das bereits vorgefertigte Angebot vorlegte. Ich

glaube, Sie ahnen, wie dieses Verkaufsgespräch endete. Er wollte verkaufen, ich aber wollte nicht etwas „verkauft bekommen", ich wollte
„einkaufen".

Wie können Sie sich zum Einkaufsbegleiter Ihres Kunden entwickeln?
Den wichtigsten Teil der dahin führenden Strategie, die Kombination
aus Ziel-, Verständnis- und Wertefragen, haben wir bereits besprochen. Wenn Sie die bevorzugten Emotionssysteme Ihres Kunden
erkannt haben, sollten Sie Ihre Präsentation darauf abstimmen.

Entscheidend ist, zielführend zu argumentieren. Es sind nicht die tollen Vorteile des Produkts, die darüber entscheiden, ob der Kunde
kauft oder nicht. Es sind die emotionalen und individuell verschiedenen Bedürfnisse und Motive, die den Kunden kaufen lassen. Der eine Kunde braucht viele Fakten, ein anderer wenige. Manchen ist die
Wirtschaftlichkeit wichtig, die anderen interessiert dies nicht – Hauptsache, das Produkt ist neu und innovativ. Einer will Status „kaufen",
also durch den Kauf seinen Status bestätigen oder erhöhen, ein anderer Kunde seine Liebe zur Bescheidenheit demonstrieren.

Das bedeutet, dass Sie die Welt des Kunden kennen und betreten sollten. Sie müssen ihm das bieten, was ihn interessiert. Auf den Rest
können Sie verzichten. Kein Kunde kauft ein Produkt oder dessen
Vorteile. Der Kunde kauft nur, wenn er einen persönlichen Nutzen
darin erkennt. Und das positive Gefühl für die Kaufentscheidung
hängt von seinem bevorzugten Emotionssystem ab. Es kommt nicht
nur darauf an, dass wir das passende Angebot finden, das auf die Werte des Kunden abgestimmt ist. Ebenso wichtig ist es, unsere Angebotspräsentation so zu gestalten, dass sie beim Kunden positive Emotionen
auslöst. Darum sollten Sie über differenzierende und differenzierte
Verkaufsstrategien verfügen, die allesamt in das emotionale Herz der
vier möglichen Kundentypen treffen: Welchen Verkaufsstil sollten Sie
in Ihrem Verkaufsgespräch anwenden? Wie erreichen Sie das favorisierte Emotionssystem? Welche Argumente wirken und welche Botschaft kommt am besten an? Ich möchte Ihnen zeigen, wie
unterschiedlich Ihre Präsentation für das gleiche Angebot ausfallen
kann, wenn Sie den jeweiligen Kundentypus beachten.

Vorgehensweise bei Gesprächspartnern mit bevorzugtem Dominanz-System

Dominante Menschen brauchen Erfolg. Leistung und Härte sind für sie selbstverständliche Faktoren ihres Lebens. Messbare Resultate sind ihnen sehr wichtig. Alles muss effektiv und effizient sein. Zahlen und Ziele sind wichtig. Ebenso Gewinne, Vorteile, Lösungen und Kosteneinsparungen. Wenn sie ihre Interessen durchsetzen können, aktiviert dies ihr Belohnungszentrum. Dieser Typus verhandelt oftmals hart den Preis. Der Dominanz-System-Typ liebt keine langen und ausschweigenden Darstellungen.

Sie müssen darum wenige, aber klar strukturierte Argumente übersichtlich präsentieren. Eine grafische Darstellung ist dabei hilfreich. Treffende Analysen und verschiedene Lösungsalternativen helfen ihm bei seiner Entscheidungsfindung. Die Argumentation und die Lösungen müssen genau zu den erfragten Motiven passen.

Verwenden Sie ruhig Fachbegriffe wie etwa Return on Investment, Gewinnspanne, Deckungsbeitrag und so weiter. Kommen Sie schnell auf den Punkt. Ein zu langer Beziehungsaufbau ist meist nicht gewünscht.

Dieser Typus wird zuweilen als eitel und arrogant wahrgenommen und beschrieben. Seine perfekte Kleidung aus edlen Stoffen, kombiniert mit exklusiven Schuhen, rundet das Bild ab.

Sein Schreibtisch ist aufgeräumt und (fast) leer. Wenn Sie mit ihm im Verkaufsgespräch sitzen, dann über Eck oder ihm gegenüber. Sprechen Sie deutlich und mit fester Stimme. Achten Sie auf genügend Abstand. Er arbeitet gerne mit dem absoluten Marktführer zusammen, der für die größten Unternehmen arbeitet. Er baut gerne seinen Wettbewerbvorsprung aus. Stimmen Sie Ihre Argumente daraufhin ab.

Übung 14: Finden Sie Ihren idealen Dominanz-Kunden

- Sie verfügen nun über eine detaillierte Beschreibung dieses Kunden. Gehen Sie Ihre Stammkundenkartei durch und prüfen Sie, welcher reale Kunde dieser Beschreibung am nächsten kommt.
- Wie sind Sie bisher mit diesem Kunden umgegangen? Welche Strategie sind Sie gefahren?
- Inwiefern müssen Sie Ihre Strategie im Lichte von Limbic® Sales ändern und den Erfordernissen dieses Kundentypus anpassen?

Vorgehensweise bei Gesprächspartnern mit bevorzugtem Balance-Bewahrer-System

Menschen mit diesem bevorzugten Emotionssystem brauchen Sicherheit, Struktur und Beweise. Sie haben Angst vor Veränderungen und sind misstrauisch bis ins letzte Detail. Risikovermeidung ist eine wichtige Aufgabe des Balance-Systems. Darum geht dieser Kundentypus auch keine finanziellen Risiken ein. Er spricht gerne über Zahlen, Daten und Fakten („ZDF"), Qualität und Struktur sind ihm wichtig. Er benötigt genaue und detaillierte Informationen. Beweise sind unumgänglich. Er kontrolliert gerne. Zeigen Sie ihm Tabellen, Zertifikate, ISO-Normen, Testergebnisse (Stiftung Warentest), Diplome, wissenschaftliche Untersuchungen und so weiter – wichtig ist, dass Sie Ihre Aussagen konkret belegen.

Geben Sie diesem Kunden Garantien. Im Gegensatz zum Dominanz-Typ benötigt er mehr Argumente. Liefern Sie Hintergrundinformationen hierzu. Am besten, Sie geben ihm etwas mit, was er dann alleine weiterbearbeiten kann. Nehmen Sie sich unbedingt Zeit für die Präsentation. Der Grund: Sie werden sehr ins Detail gehen müssen.

Das Verhalten dieses Kunden ist eher verschlossen, ruhig und skeptisch. Seine Kleidung ist weniger modisch, er bevorzugt traditionelle Qualitätskleidung, lange tragbar und korrekt – Ordnung ist wichtig. Alles hat seinen festen Platz.

Er sieht sich als „vernünftigen Menschen", der auf Distanz Wert legt. Im Verkaufsgespräch sollten Sie Abstand von ihm halten. Er fühlt sich schnell bedrängt. Am besten sitzen Sie ihm gegenüber. Sprechen Sie beherrscht und eher nachdenklich. Geben Sie ihm einen Überblick über den Ablauf Ihrer Präsentation – und halten Sie sich daran. Setzen Sie Ihre Körpersprache und Mimik kontrolliert ein. Achten Sie auch auf Pünktlichkeit und Formalitäten.

Dieser Kunde liebt es, wenn bewährte Technik eingesetzt wird, und arbeitet gerne mit Traditionsunternehmern zusammen, die schon Jahrzehnte lang am Markt etabliert sind.

Vorgehensweise bei Gesprächspartnern mit bevorzugtem Balance-Unterstützer-System

Diese Menschen wünschen und brauchen Menschlichkeit und eine gute Beziehung zum Gesprächspartner. Gefühle sind ihnen wichtig. Sie lieben Kontinuität und Bewährtes. Auch hier sorgt das Balance-System für das Sicherheitsbedürfnis. Sprechen Sie über Zuverlässigkeit, Dauerhaftigkeit und Stabilität.

Dieser Kundentypus hasst technische Details und möchte sich um möglichst wenig kümmern: Er liebt „Full-Service", „Rundum-Sorglos-Pakete" und „Alles-aus-einer-Hand"-Angebote. Er ist kein harter Verhandlungspartner und verhandelt nach dem Motto: „Jeder muss zufrieden leben können."

Die persönliche Beziehung ist ihm sehr wichtig. Reichen Sie ihm Ihre helfende Hand, versetzen Sie sich in seine Lage. Zeigen Sie Empathie. Würdigen Sie seine Aussagen, achten Sie vor allem auf seine ethischen und ökonomischen Werte. Wenn möglich, bringen Sie Beispiele aus Ihrem eigenen Erfahrungsbereich, in denen Ihre Freunde oder andere gute Kunden eine Rolle spielen. Thematisieren Sie das Wohl der Gemeinschaft.

Der Schreibtisch und der Arbeitsplatz dieses Typus sind sehr persönlich gestaltet. Er ist gemütlich und wird oft als gutmütig bezeichnet. Er kleidet sich nicht modisch, sondern bequem. Anzug und Krawatte sind schon einige Jahre alt. Im Verkaufsgespräch sitzen Sie am besten über Eck – er liebt die Nähe.

Sprechen Sie mit warmherziger und sanfter Stimme. Passen Sie Ihr Temperament dem eher langsameren und bedächtigen Unterstützer-Typ an. Er arbeitet gerne mit Menschen zusammen, die sich um alles kümmern, und mit Familienunternehmen, für die der persönliche Kontakt noch von Bedeutung ist.

Vorgehensweise bei Gesprächspartnern mit bevorzugtem Stimulanz-System

Der Stimulanz-Typus braucht das Neue, Innovative und Spannende. Er liebt Insidertipps und ist an Details weniger interessiert. Er benötigt viele Alternativen und das Gefühl, Wahlfreiheit zu haben. Bieten Sie ihm Außergewöhnliches, Aufregendes, Herausragendes. Er redet gerne, loben Sie seine Ideen. Hören Sie bewundernd zu. Fordern und fördern Sie seine Kreativität. Er ist „locker drauf" und will Spaß und Freude haben. Geben Sie sich zwanglos und humorvoll.

Dieser Kundentypus liebt Überraschungen und ausgefallene Ideen. Er will einzigartig sein und toll aussehen. Er kann und will Trendsetter sein. Präsentieren Sie mit den neuesten Medien. Inspirieren und faszinieren Sie ihn. Zeigen Sie, dass er etwas Besonderes ist. Bauen Sie in Ihre Präsentation auch ein paar Animationen, Bilder und Videos ein. Erzählen Sie Erfolgsgeschichten, aber vermeiden Sie dabei ausschweifende und langweilige Erklärungen zu Ihrem Angebot. Sprechen Sie lebendig und bildhaft. Fördern Sie sein Vorstellungsvermögen. Bringen Sie anschauliche Beispiele.

Sein Verhalten ist eher unruhig und ungeduldig. Er spricht schnell, benutzt oft Anglizismen, ist individuell und modisch gekleidet. Der Zustand seines Büros und Schreibtischs schwankt zwischen unordentlich und chaotisch.

Im Verkaufsgespräch setzen Sie sich über Eck oder neben ihn. Präsentieren Sie entspannt und locker. Auch eine freundschaftliche Berührung ist gestattet. Sprechen Sie lebhaft und begeisternd. Argumentieren Sie mit den neuesten (technischen) Trends. Zeigen Sie viele Möglichkeiten auf. Dieser Kunde arbeitet gerne mit innovativen Unternehmen und internationalen, weltweit agierenden und forschungsintensiven Konzernen zusammen.

> ### *Übung 15: Finden Sie zu jedem Emotionssystem den idealen Kunden*
>
> - Nach dem Dominanz-Typus verfügen Sie nun auch über Beschreibungen der weiteren Kundentypen.
> - Gehen Sie wieder Ihre Stammkundenkartei durch und prüfen Sie, welche realen Kunden den jeweiligen Beschreibungen am nächsten kommen.
> - Wie sind Sie bisher mit diesen Kunden umgegangen? Welche Strategien sind Sie gefahren?
> - Inwiefern müssen Sie Ihre Strategien jetzt ändern und anpassen?

Kunden überzeugend überzeugen

Sie kennen jetzt die Verkaufsstrategien für die unterschiedlichen Emotionssysteme. Lassen Sie uns nun im Detail betrachten, wie Sie das Verkaufsgespräch und die Argumentation aufbauen sollten. Auch hier gehen wir wieder typenorientiert vor.

Wie Sie den „Dominanz-System-Typ" überzeugend überzeugen:

- Argumentieren Sie mit Vergleichen wie: „stärker als ...", „schneller als ..." und „effizienter als ..."

- Stellen Sie Vor- und Nachteile gegenüber.

- Zeigen Sie Verhandlungsstärke. Vertreten Sie klar Ihre Position und begründen Sie diese. Bei Einwänden sollten Sie mit faktengesättigten Argumenten überzeugen.

- Zeigen Sie klar auf, wie Sie oder das Produkt dem Kunden helfen können, seine wichtigsten Anforderungen zu erreichen.

- Bieten Sie ihm klare Lösungen an. Beweisen Sie, wie Sie seine Zielanforderungen erfüllen.

- Arbeiten Sie deutlich seine Ist- und Ziel-(Wunsch)Situation heraus. Zeigen Sie auf, was Sie erfolgreich für ihn tun können, um die Differenz zwischen Wunsch und Wirklichkeit zu schließen.

- Zeigen Sie auf, dass und wie er diese Differenz mit wenig Aufwand (Zeit, Geld) schließen kann.

- Visualisieren Sie Ihre Ausführungen mit Diagrammen, Entscheidungsmatrix und Zielfotos.

- Begründen Sie Ihre Aussagen durch hieb- und stichfeste Beweise, etwa wissenschaftliche Ergebnisse und Studien.

- Notieren Sie Ihre wichtigsten Kernaussagen auf einer Seite Ihres Notizblocks.

- Verzichten Sie darauf, Ihre Argumentation mit Ihrer eigenen Meinung und Wertung zu versehen.

- Erzählen Sie kurz von Ihren anderen namhaften Kunden und zeigen Sie auf, wie diese mit Hilfe Ihrer Produkte oder Dienstleistungen zum Beispiel Auszeichnungen oder Preise gewonnen haben.

- Legen Sie dem Kunden Presseartikel vor, in denen andere Kunden im Zusammenhang mit Ihren Produkten oder Dienstleistungen Erwähnung finden.

- Machen Sie den Kunden zum erfolgreichen „Gewinner".

Wie Sie den „Stimulanz-System-Typ" überzeugend überzeugen:

- Argumentieren Sie mit: „aufregender als …", „spannend", „das neueste …", „als Erster haben …"

- Zeigen Sie auf, was der Kunde mit Ihrer Hilfe erreichen kann.

- Wecken Sie seine Fantasie mit Metaphern, Analogien und spannenden Geschichten.

- Träumen Sie mit ihm seine Vision und seine langfristigen Ziele.

- Argumentieren Sie lustig, lässig, spontan und ohne Druck auszuüben.

- Unterstützen Sie den Kunden, neue Ideen zu kreieren.

- Überraschen Sie ihn mit den neuesten und tollsten Erkenntnissen, einer originellen Präsentation, die Sie mit den neuesten Medien gestalten, oder außergewöhnlichen Produktmustern und -modellen.

- Stellen Sie seine Einzigartigkeit in den Mittelpunkt: „Lieber Kunde, nur wenige können das wie Sie …"

- Visualisieren Sie, zeigen Sie Fotos, Clips, Prototypen. Inszenieren Sie eine spektakuläre Aufführung.

- Machen Sie ihn zum herausragenden „Star".

Wie Sie den „Balance-Bewahrer-Typ" überzeugend überzeugen:

- Argumentieren Sie mit: „sicherer, sparsamer, qualitativ hochwertiger ..."

- Erzählen Sie detailliert von einer ähnlichen Situation. Bringen Sie Fallbeispiele.

- Stellen Sie klare Regeln auf.

- Legen Sie Ergebnisse von Experimenten, Forschungen und Tests vor.

- Geben Sie dem Kunden die Möglichkeit, Ihre Dienstleistung, Ihr Produkt selbst zu testen und auszuprobieren.

- Erstellen Sie aussagekräftige Unterlagen mit Zahlen, Daten und Fakten („ZDF").

- Eröffnen Sie Ihre Argumentation mit einem strukturierten und detailliert gegliederten Überblick zum Ablauf Ihrer Präsentation.

- Benutzen Sie saubere und ordentlich geordnete Unterlagen.

- Fragen Sie nach der Ihnen zur Verfügung stehenden Zeit und halten Sie sich genau daran.

- Setzen Sie Diagramme, Testergebnisse, Checklisten, Zertifizierungen, Verbandssiegel und Gesetzesbestimmungen zur Untermauerung Ihrer Argumentation ein.

- Geben Sie Garantien und räumen Sie ein Rücktrittsrecht ein.

- Stellen Sie Ihre langjährige Erfahrung oder die Reputation Ihres Produkts in den Vordergrund: „Seit Jahren kaufen die meisten unserer Kunden ..."

- Machen Sie den Kunden zum gewissenhaften „Qualitätsmanager".

Wie Sie den „Balance-Unterstützer-Typ" überzeugend überzeugen:

- Argumentieren Sie mit Begriffen wie: „menschlicher, bequemer, geselliger, vertrauensvoll ..."

- Stellen Sie den Menschen in den Mittelpunkt.

- Erzählen Sie, warum Sie sich persönlich um ihn kümmern wollen.

- Fragen Sie ihn nach seinen Erfahrungen und die damit verbundenen Gefühle.

- Würdigen Sie seine Sorgen und Ängste und zeigen Sie ihm Auswege auf.

- Erzählen Sie, wie Sie ihm und anderen Menschen etwas Gutes tun bzw. Schaden abwenden.

- Erzählen Sie persönliche Geschichten und Geschichten von oder über andere Menschen. Achten Sie dabei auf seine Werte.

- Setzen Sie Lebensweisheiten, Gedichte und Fabeln ein und ziehen Sie ein menschenbezogenes Fazit.

- Erzeugen Sie keinen Verkaufsdruck. Sprechen Sie Empfehlungen auf einer freundschaftlichen Basis aus: „Wenn Sie mein Bruder wären, dann …"

- Geben Sie eigene Schwächen zu. Das macht Sie menschlich.

- Helfen Sie ihm, sich gut zu fühlen.

- Sprechen Sie in der „Wir-Form" und versuchen Sie, auch sprachlich eine familiäre Beziehung herzustellen.

- Machen Sie den Kunden zum menschlichen „Helfer".

Stimmen Sie Ihre Sprache auf den Kundentypus ab und erstellen Sie individuelle Nutzenmatrizes

Mit der Sprache stellen Sie eine persönliche Verbindung zwischen dem Kunden und sich her. Mit dem gesprochenen Wort. (verbal) und der gesendeten Botschaft (nonverbal) erreichen wir das limbische System unserer Kunden. Natürlich gibt es auch hier für jeden Typus passende Sprachmuster und idealtypische Aussagen, mit denen Sie die Sprachwelt des jeweiligen Kunden betreten können. So können wir unsere Argumentation typengerecht vorbereiten.

Manchmal müssen wir aber auch im Gespräch schnell reagieren und antworten. Dann kommt es darauf an, die wichtigsten Vorteile und Stärken Ihrer Produkte und Dienstleistungen rasch und präzise benennen und in konkreten Kundennutzen transformieren zu können.

Um den Kunden zu einer positiven Entscheidung zu verhelfen, ist es erforderlich, die richtigen Worte auszusprechen. Worte, die einen positiven Zustand auslösen. Dabei geht es nicht nur um bestimmte

Begriffe, sondern zudem um Verben, die eine Tätigkeit, ein Geschehen, einen Vorgang oder einen Zustand beschreiben. Die den Emotionssystemen zugeordnete Werte kennen Sie ja bereits – Sie finden Sie auf der Limbic® Map. Stimmen Sie den Nutzen auf diese Werte ab.

Damit Sie sicher und schnell die passenden Emotionssysteme erreichen, habe ich für Sie eine Nutzenmatrix entwickelt. Mit dieser Matrix gelingt es Ihnen, Ihr Produkt, Ihre Dienstleistung, Ihre Lösung mit dem jeweiligen typengerechten Nutzen Ihrer Kunden zu verbinden. Das notwendige Verbindungsstück ist das passende Verb. Es ist bildet die Brücke zum emotionalen Nutzen.

Gehen Sie daher wie folgt vor:

1. Beantworten Sie die Fragen, was genau Sie anbieten und
2. was Ihr Angebot auszeichnet (Stärke).
3. Legen Sie fest, was es dem Kunden bringt (Hin-zu-Motiv) und wovor es ihn schützt (Weg-von-Motiv).
4. Prüfen Sie anhand der dann folgenden Verben, die Sie zur Nutzendarstellung verwenden, welche weiteren emotionalen Nutzen Sie anbieten können.
5. Suchen Sie die geeignetsten Verben heraus und ergänzen und verknüpfen Sie sie mit einem emotionalen Nutzen.
6. Danach suchen Sie nach weiteren geeigneten Verbindungen, die Sie mit einem Verb ausdrücken können.

Das Beispiel – bezogen auf den Dominanz-Typen – veranschaulicht die Vorgehensweise:

Nutzenmatrix für das Dominanz-System	
Mein Angebot:	1. IN *tem* Verkaufstraining
Stärke:	2. Wir trainieren in halbtägigen Tages-Intervallen
Verben/Brücken ⇩	**Nutzen** ⇩
Das bringt Ihnen	3. hohe Merkfähigkeit des Gelernten
Das schützt vor	3. Fehlinvestitionen
erleichtert	
spart	viel Zeit
steigert	den Lernerfolg
maximiert	
stärkt	die Schlagkraft Ihrer Verkäufer
verbessert	
erhöht	die Effizienz
amortisiert	
gewinnt	
usw. ...	

Erstellen Sie jetzt Ihre individuellen Nutzenmatrizes, die Sie auf Ihre Produkte, Dienstleistungen und die jeweiligen Kundentypen beziehen:

Nutzenmatrix für das Dominanz-System	
Mein Angebot:	1.
Stärke:	2.
Verben/Brücken ⇩	**Nutzen** ⇩
Das bringt Ihnen	3.
Das schützt vor	3.
erleichtert	
spart	
steigert	
maximiert	

stärkt	
verbessert	
erhöht	
amortisiert	
gewinnt	
usw. ...	

Nutzenmatrix für das Stimulanz-System	
Mein Angebot:	1.
Stärke:	2.
Verben/Brücken ⇩	**Nutzen**⇩
Das bringt Ihnen	3.
Das schützt vor	3.
inspiriert	
verschönert	
bezaubert	
regt an	
motiviert	
erstaunt	
erfreut	
entdeckt	
fasziniert	
imponiert	
usw. ...	

Nutzenmatrix für das Balance-Bewahrer-System	
Mein Angebot:	1.
Stärke:	2.
Verben/Brücken ⇩	**Nutzen**⇩
Das bringt Ihnen	3.

Das schützt vor	3.
garantiert	
spart	
sichert	
bewahrt	
erhält	
kontrolliert	
regelt	
prüft	
minimiert	
reduziert	
usw. ...	

Nutzenmatrix für das Balance-Unterstützer-System	
Mein Angebot:	1.
Stärke:	2.
Verben/Brücken ⇩	**Nutzen** ⇩
Das bringt Ihnen	3.
Das schützt vor	3.
erleichtert	
beteiligt	
vereinfacht	
entlastet	
verhindert	
vermittelt	
sichert	
verbindet	
verschönert	
entspannt	
usw. ...	

Sicher ähnelt diese Vorgehensweise dem Erlernen einer neuen Sprache. Doch Sie werden feststellen: Je öfter Sie es probieren und mit einer Nutzenmatrix arbeiten, je leichter wird es Ihnen fallen. Sie werden sich so im Sprachstil Ihres Kunden ausdrücken – Sie sprechen „seine Sprache".

Emotionalisieren Sie Ihre Argumente mit Adjektiven

Überdies sollten Sie an der Emotionalisierung Ihres Sprachstils arbeiten. Erfreuen Sie den Türwächter vor dem Großhirn mit den richtigen Adjektiven. Adjektive, auch bekannt als Wiewörter, sind Wörter, die uns sagen, wie etwas ist oder welche Eigenschaften etwas hat. Durch ihre beschreibende Funktion regen Sie die Fantasie des Kunden an und lassen seinen Emotionspegel ansteigen:

- Beim Dominanz-System-Typ sprechen Sie „von **leistungsstarken** Möglichkeiten …"
- Beim Stimulanz-System-Typ von „**fantastischen** Möglichkeiten …"
- Beim Balance-Bewahrer-Typ von „**absolut bewährten** Möglichkeiten …"
- Beim Balance-Unterstützer-Typ von „**sehr persönlichen** Möglichkeiten …"

Durch die typengerechte Nutzung der folgenden Adjektive gelingt es, noch mehr Emotionen zu erzeugen – beflügeln Sie das Emotionssystem Ihrer Kunden:

- Dominanz-System: erfolgreich, absolut, optimal, konkurrenzfähig, mächtig, kraftvoll, führend, überlegen, stark, erstklassig, wirtschaftlich, schnell.
- Stimulanz-System: einmalig, inspirierend, unermesslich, zukunftsweisend, innovativ, dynamisch, neu, modern, pfiffig, kreativ, fantastisch, außergewöhnlich, positiv, enthusiastisch, fortschrittlich.

- Balance-Bewahrer-System: logisch, kompetent, detailliert, zuverlässig, sicher, getestet, dauerhaft, ordentlich, tüchtig, perfekt, verbreitet, solide, erprobt, bewiesen.

- Balance-Unterstützer-System: gemeinsam, einfühlsam, miteinander, persönlich, freundlich, problemlos, einfach, bequem, angenehm, menschlich, behutsam, partnerschaftlich, herzlich, glücklich, offenherzig, natürlich.

Welche die richtigen Worte für Ihre Präsentationen sind, wird von dem Persönlichkeitsprofil Ihrer Kunden bestimmt. Je besser es Ihnen gelingt, die Argumentation auf das Emotionssystem der Kunden abzustimmen, desto höher ist Ihre Verkaufschance. Die Übung hilft Ihnen dabei:

> **Übung 16: Typengerecht sprechen und argumentieren**
>
> - Für die Übung zu Beginn des Kapitels „Den entscheidenden Ziel-/Kaufzustand aufrufen" haben Sie aus Ihrem Kundenstamm ja schon jeweils den „idealen" Kunden bezüglich des Emotionssystems herausgesucht.
> - Formulieren Sie jetzt für jeden Typus Argumente, die auf das Sprachmuster der Kunden abgestimmt sind.
> - Achten Sie auf die Verwendung typengerechter Verben und Adjektive.

Kombinieren Sie Sach- und Emotionsaussagen

Während ich dieses Buch schreibe, führe ich Gespräche mit einigen Maschinenherstellern. Da wir für unsere Kunden Seminarunterlagen erstellen, geht es darum, ein noch hochwertigeres Kopiersystem anzuschaffen. Viele der Verkäufer klammern sich an klassische Produktaussagen und begründen diese auch recht ordentlich. Aber lassen sich nicht auch technische Aussagen emotionalisieren? Sicher geht das auch in diesem Bereich. Die meisten Verkäufer, mit denen ich verhandle, argumentieren wie folgt:

- Das Kopiersystem ist leistungsstark.
- Das Kopiersystem hat eine hohe Produktivität.
- Das Kopiersystem ist wirtschaftlich.

- Das Kopiersystem ist zuverlässig.
- Das Kopiersystem ist flexibel umzurüsten.
- Das Kopiersystem ist einfach zu bedienen.
- Das Kopiersystem ist zukunftsweisend.

Solche Aussagen lassen sich leicht mit Metaphern, Analogien, Adjektiven und Verben typengerecht emotionalisieren. Doch wie schaut dies konkret aus?

- Dominanz-System-Typ: „Herr Seßler, das Kopiersystem ist leistungsstark und erstklassig. Schnelle und hochwertige Kopien lassen sich Tag und Nacht mit einem Minimum an Zeit- und Kostenaufwand produzieren."
- Stimulanz-System-Typ: „Das Kopiersystem ist zukunftsweisend. Diese neueste Technik ist ein Quantensprung, nur vergleichbar mit der Entwicklung vom Fahrrad zum Porsche. Es gibt faszinierende Möglichkeiten, um flexibel jede Expansionschance zu nutzen. So können Sie Ihre kreativen Visionen umsetzen, Herr Seßler!"
- Balance-Bewahrer-Typ: „Das Kopiersystem ist wirtschaftlich. Dieses reine Energiesparwunder spült jeden Monat 135 Euro in Ihre Kasse. Die Rentabilität ist von Experten bis ins kleinste Detail durchgerechnet. Rechnen Sie es einmal selbst nach, Herr Seßler."
- Balance-Unterstützer-Typ: „Das Kopiersystem ist einfach zu bedienen. Ein hochintelligenter Autopilot steuert den gesamten Ablauf. Sehen Sie, Herr Seßler, jeder Ihrer Mitarbeiter kann leicht damit arbeiten. Ein ausgereiftes Modell für problemloses Arbeiten."

Mit solchen emotional aufgeladenen Nutzenargumenten entstehen Bilder, Gefühle und gute Zustände beim Kunden. Jetzt öffnet das Emotionssystem die Türen für die Begründung und Beweisführung. Ich bin heute schon gespannt, wer die passendsten Argumente für meine sachliche (oder doch emotionalisierte) Entscheidung ins Feld führt. Welcher der Kopiersystem-Verkäufer wird mich bei sich einkaufen lassen? Wie viele werden versuchen, mir ihre Maschinen lediglich zu verkaufen?

Das heißt: Ganz gleich, was Sie verkaufen – nutzen Sie alle Möglichkeiten, positive Emotionen zu wecken und im richtigen Emotionssystem Ihres Gesprächpartners zu überzeugen.

Verwenden Sie sprachliche Beziehungsförderer

Worte können Pro- oder Contra-Reaktionen hervorrufen. Oft müssen wir auf Aussagen unseres Gesprächpartners reagieren. Mal sind es Fragen oder Feststellungen, mal Einwände. Wichtig ist dann, unsere weiteren Argumente mit den richtigen Aussagen einzuleiten. Das Motto heißt: Weg vom Ich und hin zum Kunden, weg von der Ich-Formulierung, hin zur Sie-Formulierung.

Sich kundenorientiert auszudrücken, gehört zu den bedeutendsten Aufgaben guter Verkäufer. Der Sender einer Botschaft ist dafür verantwortlich, was beim Empfänger ankommt. Deshalb: Vermeiden Sie Killerformulierungen und nutzen Sie kundenorientierte Formulierungen, die die Beziehung fördern und positiv entwickeln.

Lassen Sie uns ein paar Beispiele formulieren, an denen sich der Unterschied deutlich zeigt:

Killerformulierungen	Kundenorientierte Formulierungen
Da haben Sie mich falsch verstanden.	Da muss ich mich unklar ausgedrückt haben.
Da täuschen Sie sich aber!	Könnte es sein, dass ...?
Ich bin überzeugt von ...	Wollen Sie sich davon überzeugen ...
Das ist doch völlig unmöglich!	Sie überraschen mich.
Das gibt's doch nicht!	Wäre es möglich, dass ...?
Sie müssen doch einsehen ...	Können Sie sich vorstellen, dass ...?
Ja, Moment, ich kann doch nicht hexen!	Kleinen Moment, Sie werden gleich bedient.

Killerformulierungen	Kundenorientierte Formulierungen
Wir bieten ...	Sie erhalten ...
Ich erkläre Ihnen jetzt ...	Sie erfahren jetzt ...
Jawohl, wir prüfen das.	Ich überprüfe das in der nächsten Stunde und rufe Sie um 16.00 Uhr zurück.

Die kundenorientierten Formulierungen sind deshalb so wichtig, weil Sie durch das, was Sie Ihrem Kunden sagen und wie Sie es sagen, bei ihm eine innere Kommunikation auslösen: Ihr Kunde wird sich davon Bilder machen oder mit sich selbst darüber sprechen – also einen inneren Dialog in Gang setzen – und sich dementsprechend gut oder schlecht fühlen. Da Sie als Spitzenverkäufer für das Gefühl Ihres Kunden verantwortlich sein sollten, ist es auch Ihre Aufgabe, die richtigen Formulierungen zu verwenden, sodass Ihr Kunde in einen Zustand versetzt wird, in dem er sich wohl fühlt. Manchmal hängt ein Abschluss davon ab, ob Sie Ihr Angebot mit der richtigen Formulierung und aus der richtigen Perspektive präsentieren.

Vielleicht kennen Sie die folgende kleine Geschichte, bei der die Formulierung nicht nur fördernd, sondern überlebensnotwendig war:

> Ein Sultan ließ einen Propheten kommen, um sich die Zukunft voraussagen zu lassen. „Mein Sultan, Sie werden miterleben, wie Ihre Frau und Ihre Kinder sterben", sagte dieser, worauf der Sultan zornig wurde und den Propheten hinrichten ließ. Um sich zu trösten, ließ der Sultan einen anderen Propheten kommen, um von diesem die Zukunft zu erfahren. Dieser sagte: „Oh, großer Sultan, Sie sind mit einem langen Leben gesegnet. Und Sie werden Ihre gesamte Familie überleben." Über diese Aussage freute sich der Sultan sehr und belohnte den Propheten mit einem Säckchen Gold.

Beide Propheten kannten zwar die Wahrheit, aber der zweite wusste außerdem die richtige Formulierung für den Sultan zu wählen. Es liegt ganz bei Ihnen, welche prophetische Aussage Sie wählen und ob Sie Ihrem Kunden sagen: „Wir bieten ..." oder „Sie erhalten ...". Die Frage ist, welche Formulierung Ihr Kunde angenehmer empfindet. Vielleicht

belohnt auch er Sie mit einem Säckchen Gold, wenn Sie sagen: „Sie erhalten ...".

> **Übung 17: Kundenorientiert formulieren**
>
> - Notieren Sie einige Sätze, die Sie häufig oder regelmäßig bei Kundengesprä-
>   chen verwenden.
> - Überprüfen Sie sie und formulieren Sie sie gegebenenfalls in kundenorien-
>   tierte Aussagen um.

Emotional-Power-Sales: Emotion mit Zusatznutzen stärken

Die moderne Hirnforschung belegt, dass es den rationalen Kunden,
wie wir ihn jahrelang kannten, nicht gibt. Kaufentscheidungen werden
emotional und meist unbewusst getroffen. Deshalb möchte ich Ihnen
noch eine weitere Möglichkeit aufzeigen, wie Sie Ihre Verkaufserfolge
erhöhen können. Warten Sie nicht, bis Ihr Kunde seine Wünsche und
Motive äußert. Geben Sie seinen Emotionssystemen möglichst viele
kleine Kaufimpulse. Es gilt den Wert Ihres Produkts, Ihrer Dienstleistung, Ihrer Marke, Ihrer Präsentation und Ihres Services zu verstärken.

Da der Kunde in der Regel nicht weiß, warum er wie entscheidet, sollten Sie Ihren Aussagen und Argumenten emotionale Kraft verleihen.
Hans-Georg Häusel hat zu diesem marketingstrategischen Ansatz das
Buch „Emotional Boosting" geschrieben und ich möchte Ihnen in An-
lehnung daran, einige verkaufsrelevante Ansätze aufzeigen, die Sie im
direkten Gespräch wirkungsvoll einsetzen können.

Nehmen wir als Beispiel den Wert ihrer Produkte und Dienstleistungen. Betrachten wir zunächst den Primärnutzen. So nennt man
den Nutzen, die sich meist aus der unmittelbaren Funktion des Produkts oder der Dienstleistung ergeben. Ein Verkaufstraining etwa hat
die Funktion, den Verkäufer besser werden zu lassen. Die Kopier-
maschine hat die Funktion, Kopien oder Unterlagen zu erstellen. Eine
Waage hat die Aufgabe, das Gewicht festzustellen. Das Problem: Den
Primärnutzen wird auch Ihr Mitbewerber direkt ansprechen und dem
Kunden darstellen können.

Anders sieht es vielleicht mit dem Zusatznutzen aus. Wichtig ist, dem Kunden möglichst viel Zusatznutzen darzustellen, mithin sekundären Nutzen. Die folgenden Beispiele zeigen, wie dies funktionieren kann:

- Beim unserem IN*tem*-Verkaufstraining könnten wir argumentieren, dass so nicht nur der Verkaufserfolg gesteigert, sondern auch die Kommunikation zwischen Außen- und Innendienst verbessert wird. Dass die Trainingsmaßnahmen mit sieben Trainingspreisen ausgezeichnet wurden, dass der Erfolg gemessen wird, damit es den Kunden weniger kostet als es bringt. Dass der Umsetzungserfolg ohne Präsentationsstress umsetzungsorientiert begleitet wird. Dass es sich um ein Praxistraining mit Vor- und Nachbetreuung handelt, wobei die Betreuung natürlich auch während des Trainings erfolgt. Dass Tutoren, Classrooms und Coachingbriefe eingesetzt werden, um die Umsetzung zu erleichtern.

- So mancher Kopierer kann heute weit mehr als nur kopieren. Wir können Schwarz-weiß- und Farbkopien mit ihm anfertigen. Aber er locht und klammert auch, sortiert die Seiten, erstellt Broschüren, heftet und faltet diese. Er ersetzt so andere Geräte, die nicht angeschafft werden müssen. Zudem können Sie mit ihm ein Fax versenden und empfangen und Vorlagen einscannen. Der 24-Stunden-Service des Herstellers sorgt für höchste Sicherheit und Zuverlässigkeit.

- Ein namhafter Hersteller von Waagen hat ein Produkt entwickelt, das in Einkaufsmärkten dazu dient, Lebensmittel zu wiegen. Das ist nur allzu selbstverständlich. Aber: Wenn Sie Ihre eingekaufte Ware auf die Waage legen, macht Ihnen diese einen Rezeptvorschlag! Wenn Sie nun Lust haben, das empfohlene Gericht zu kochen, druckt Ihnen die Waage einen Einkaufszettel aus. So können Sie gleich die restlichen benötigten Zutaten einkaufen. Diese Idee bringt dem Hersteller der Waage einen Verkaufszusatznutzen – ebenso wie dem Lebensmittelmarkt und dem Kunden.

Prüfen Sie, wo es möglich ist, auch Ihrer Dienstleistung oder Ihrem Produkt durch Zusatznutzen einen höheren Wert zu geben. Je besser Ihnen dies gelingt, desto höher können Sie Ihren Verkaufspreis ansetzen und durchsetzen.

Wie sehr es sich in Euro und Cent rechnen kann, wenn der Zusatznutzen den Geschmack der Menschen trifft, zeigt das folgende Beispiel eindrucksvoll: Eine Flasche Wasser aus dem Wasserhahn kostet Sie weniger als 1 Cent. Eine Flasche im Supermarkt kostet 30 bis 70 Cent. Eine Flasche Voss-Wasser kostet etwa 3,80 Euro. Und im Luxushotel Adlon in Berlin zahlt man zurzeit 19 Euro für eine Flasche Voss-Wasser. Und es gibt auch Restaurants, die 75 bis 90 Euro für eine exklusive Flasche des Hollywood-Wassers „Bling" verlangen.

Ein weitere Möglichkeit, Ihr Produkt oder Ihre Dienstleistung emotional einen höheren Wert zu verleihen, besteht darin, mit Geschichten, Mythen und magischen Elementen zu arbeiten. Menschen lassen sich gerne von ihnen einnehmen und begeistern, doch sie interessieren uns meistens nur dann, wenn sie uns emotionalisieren und unser Vorstellungsvermögen aktivieren. Geschichten, die über Produkte und Marken erzählt werden, spielen in Marketing, Werbung und Verkauf eine extrem wichtige Rolle. Denn sie stiften Sinn und schaffen Wert.

Es gibt viele Untersuchungen, die belegen, dass Produkte und Dienstleistungen, deren Marktauftritt mit guten Geschichten begleitet wird, deutlich höhere Verkaufspreise erzielen. Zuweilen lässt sich so ihr Wert um 30 bis zu 30.000 Prozent steigern. Ganz gleich, ob jene magischen Geschichten wahr sind, geschönt oder erfunden: Wenn Sie emotional dargeboten werden, verfehlen sie nicht ihre Wirkung.

Ein Mechanismus, der auch beim Moleskine-Notizbuch – ein DIN-A5-Taschenbuch mit ca. 200 leeren Seiten, funktioniert: Der Preis des Büchleins beträgt 8 bis 10 Euro. Gerechtfertigt wird der Preis durch einen Zusatznutzen, der sich auf den folgenden Mythos beruft: Moleskine war einst das legendäre Notizbuch der Künstler und Intellektuellen der letzten zwei Jahrhunderte. Hemingway, Matisse und Picasso sollen es verwendet haben. Und dieser immaterielle Zusatznutzen leerer Seiten kostet den Kunden ein paar Euro mehr.

Auch um andere Produkte ranken sich Entstehungs- und Erlebnisgeschichten, die den Produkten einen zusätzlichen emotionalen Nutzen und eine magische Aura verleihen, die die Menschen fasziniert. Wer Porsche oder Mercedes fährt, will damit seinen Status belegen und sein Selbstvertrauen erhöhen. Tennisschläger, Golfschläger oder Laufschuhe der bekannten Marken lassen uns die Überlegenheit der damit verbundenen Wettkampfsieger oder sogar Weltmeister empfinden. Man kauft also nicht nur ein Produkt, sondern auch die Geschichte um das Produkt, die magischen Kräfte und den Mythos. Und so kommt es, dass etwa Red Bull einen Energy Shot in einer Mini-Flasche, die etwa fingergroß ist und 60 ml Inhalt umfasst, für immerhin ca. 3 Euro verkaufen kann.

Übung 18: Erfolgsgeschichte kreiern

Welche Geschichten gibt es zu Ihrem Produkt, Ihrer Dienstleistung oder Ihrer Firma? Oder welche Geschichte lässt sich um diese Punkte herum aufbauen?

Verleihen Sie Ihren Aussagen Power. Überlegen Sie, was Sie besonders herausstellen können. Werden Sie kreativ und schreiben Sie Ihre eigene Erfolgsgeschichte.

Multisensoric Power: Die Kraft der Sinne

Wir nehmen unsere Welt über unsere Sinne wahr. Die einen brauchen Bilder, um besser zu verstehen, die anderen wollen etwas hören, um sich eine Meinung zu bilden. Wieder andere müssen etwas ausprobieren, spüren oder anfassen, um ein gutes Gefühl für eine Sache zu bekommen. Das Riechen und Schmecken gehören auch noch dazu. Es sind unsere 5 Sinne, mit denen wir hauptsächlich unsere Welt wahrnehmen. Bei unseren Verkaufsgesprächen geht es darum, diese Sinne unserer Kunden emotional aufzuladen.

Da wir aber nicht genau wissen, welcher Kaufimpuls letztendlich die Emotionen powert, ist es ratsam, viele dieser Sinne zu aktivieren. Wenn wir den bevorzugten Sinneskanal unseres Kunden kennen, dann werden wir diesen mit unseren Hauptbotschaften bevorzugt aktivieren.

Zusätzlich empfiehlt es sich, auch die anderen Sinne einzubeziehen. Diesen Effekt nennt man multisensorische Verstärkung. Wenn über unsere unterschiedlichen Sinneskanäle zur gleichen Zeit die gleiche Botschaft in unserem Gehirn ankommt, führt das zu einer neuronalen

Verstärkung. So kann ein Erlebnis in unserem Bewusstsein eine zehnfach stärkere Wahrnehmung auslösen. Das bedeutet, dass unsere Verstärkerzentren im Gehirn die Sinnesstärken nicht einfach nur addieren, sondern um ein Vielfaches verstärken.

Unser Gehirn hat in vielen Millionen Jahren gelernt, dass die hohe und zeitgleiche Sinneskongruenz von Ereignissen von eminenter Bedeutung ist. Deshalb werden solche Ereignisse extrem verstärkt. Und das bedeutet eine große Chance im persönlichen Verkaufsgespräch: Sie müssen den Kunden auf so vielen Kanälen wie möglich zugleich ansprechen.

Überlegen Sie, welche Möglichkeiten Sie haben, dem Kunden etwas zu zeigen (sehen), gleichzeitig zu argumentieren (sprechen) und ihn etwas anfassen oder tun (fühlen) zu lassen. Manchmal können wir auch noch den Geschmackskanal und den Riechkanal ansprechen. Wir haben die Chance, mit einem Sinnescocktail die maximale multisensorische Power zu aktivieren.

Lassen Sie uns jetzt im Detail anschauen, wie es gelingt, die einzelnen Sinneskanäle optimal anzusprechen. Wir beginnen mit dem Sehen.

Unser visueller Sinneskanal – das Auge

Wenn Sie es mit einem Kunden zu tun haben, der Informationen und Eindrücke vor allem über das Auge aufnimmt, sollten Sie oft mit Bildern arbeiten. Dazu eignen sich bebilderte Prospekte, PowerPoint-Folien, ein Klappchart oder Flipchart, Filmsequenzen auf Ihrem Laptop, Zeichnungen und so fort.

Ihre Aufgabe ist es, die Bilder im Kopf des Kunden entstehen zu lassen. Dies gelingt auch über die Sprache. Lassen Sie ihn sein Kopfkino selbst gestalten. Sprechen Sie in Beispielen, Geschichten, Metaphern und Analogien. Steigen Sie ein mit den Worten: „Stellen Sie sich vor …"

Wenn Sie Ihr Produkt zeigen können, bringen Sie es mit. Oder Sie zeigen ihm einen Prototyp, ein Muster, ein Modell. Benutzen Sie visuelle Worte wie „sehen, schauen, zeigen, erkennen, klar, deutlich, vorstellen". Verwenden Sie die entsprechenden Redewendungen: „ein Bild machen, einen Blick werfen auf, meiner Ansicht nach, ins Auge fassen, einen Eindruck gewinnen, ein Überblick bekommen, deutlich erkennen".

Da visuelle Menschen oft sehr lebhaft sind, sollten auch Sie etwas schneller und mit genügend Modulation und Gesten sprechen. Passen Sie sich Ihrem Gesprächspartner an. „Schwingen" Sie sich visuell auf ihn ein.

Unser auditiver Sinneskanal – das Ohr

Beim auditiven Kundentyp sollten Sie das Sprechen und Argumentieren in den Vordergrund stellen. Suchen Sie den Dialog. Führen Sie ein offenes Gespräch. Lassen Sie sich genau erklären, was sich der Kunde vorstellt. Stellen Sie rhetorische Fragen. Lassen Sie ihn einen inneren Dialog aufbauen. Legen Sie gezielte Pausen ein, damit er Zeit hat nachzudenken.

Wenn Ihr Produkt Geräusche macht oder besonders leise ist, lassen Sie ihn das hören. Führen Sie Aussagen vor. Lassen Sie Kunden erzählen. Benutzen Sie auditive Worte wie „hören, lauschen, einstimmen, tönen, klingt, ausdrücken, redegewandt".

Und selbstverständlich gibt es auch „auditive" Redewendungen: „im Einzelnen beschreiben, ganz Ohr sein, laut und deutlich, redegewandt sein, Gründe darlegen, um die Wahrheit zu sagen, einen Bericht geben".

Auditive Menschen sind oft etwas ruhiger. Sie sprechen nicht zu schnell und mit Pausen. Präsentieren Sie daher bewusst mit weniger Gesten und legen Sie kontinuierlich Pausen ein. Auch hier gilt es, den Rapport herzustellen.

Unser kinästhetischer Sinneskanal – das Gefühl

Dieser Kundentyp bevorzugt es, ein Produkt zu (er)spüren. Bewegung, Gefühl und Anfassen sind ihm wichtig. Lassen Sie ihn etwas ausprobieren. Geben Sie ihm Muster, Modelle oder ein Demonstrationsprojekt in die Hand. Lassen Sie ihn die Qualität spüren.

Wenn möglich, lassen Sie ihn das Produkt benutzen, ausprobieren, ihn sich in es hinein(ver)setzen. Sprechen Sie mit ihm über seine Gefühle. Benutzen Sie kinästhetische Worte wie „fühlen, berühren, begreifen, festhalten, einfühlen, bewegen, gefühllos", und Redewendungen wie „in den Griff bekommen, sich beherrschen, den Daumen drauf haben, gut festhalten, auf dem Teppich bleiben, Verbindung aufnehmen, mir folgen, etwas einfallen lassen, Hand in Hand".

Der kinästhetische Kunde ist natürlich ein Gefühlsmensch. Er spürt, im wahrsten Sinn des Wortes, die Welt körperlich. Sie sehen es ihm körperlich an, ob er gute und schlechte Gefühle hat. Oft sind diese Menschen in sich ruhend und von der Sprechgeschwindigkeit etwas langsamer. Präsentieren Sie ruhig, mit wenig Bewegung und kleinen Gesten. Sprechen Sie langsam mit größeren Pausen, sodass er ihre Aussage „nachfühlen" kann. Auch bei ihm ist das „Spiegeln" der Gefühle und Emotionen der Schlüssel zum Erfolg.

Unser Geruchs- und Geschmackssinn

Wenn möglich, lassen Sie Ihre Kunden etwas riechen. Denken Sie einmal über Duftmarketing nach. Sicher haben Sie auch schon mal richtig Lust auf eine Tasse Kaffee bekommen, wenn Sie an einer Kaffeerösterei vorbei gefahren sind. Der Duft war der betörende Auslöser. Oder wenn eine Bäckerei frische Backwaren zubereitet – bekommen Sie dann Lust auf Backwaren? Blumengeschäfte, die zusätzlich mit Rosenduft beduftet wurden, erzielten überdurchschnittliche Verkaufsergebnisse. Klar ist: Wenn es möglich ist, Ihr Produkt zu schmecken, sollten Sie es den Kunden probieren lassen. Sie wissen ja: Je mehr Sinneskanäle wir gleichzeitig aktivieren, desto größer die Verkaufschance.

> *Übung 19: Ein Sinnenfest für Augen-, Hör- und Tastsinn veranstalten*
>
> Richten Sie einige Argumente Ihres Verkaufsgesprächs auf die sinnesspezifische Sprache des Kunden aus. Formulieren Sie Ihre Nutzenargumente so, dass sie für jeden Kanal genügend Argumente bereithalten. Formulieren Sie zu jeder Produktstärke und zu jedem Nutzen eine Aussage, welche alle Sinne anspricht. Nutzen Sie die folgenden Anregungen.
>
> - Die Technik der Visualisierung einsetzen: Visuelle Menschen denken vor allem in Bildern, Farben und Formen, bunt und detailliert. Trainieren Sie im Team, den Nutzen, den der Kunde durch den Kauf eines Produkts hat, so zu beschreiben, dass innere positive Bilder im Kunden entstehen: „Stellen Sie sich vor, welche Vorteile dieses Produkt Ihnen verschafft ..."

- Die Umgebung visuell angenehm gestalten: Was spricht dagegen, den Bereich, in dem das Verkaufsgespräch stattfindet, visuell aufzupeppen und den Kunden etwa mit farbenfrohen Wänden, Bildern, Collagen und Lichtspielen zu erfreuen?
- Die Stimme trainieren: Auditive Menschen achten auf die Satzmelodie und Stimmlage, in der der Gesprächspartner spricht. Da Ihre Stimme an Überzeugungskraft vor allem dann gewinnt, wenn Sie dynamisch, abwechslungsreich und trotzdem rhythmisch artikulieren, also etwas die Lautstärke und die Stimmlage wechseln, lohnt es sich, die Stimme entsprechend zu schulen. Sie sprechen dann nicht zu laut oder zu leise, nicht zu schnell oder zu langsam, und bleiben in der Mittellage. Dort, im Normalsprechtonbereich, klingt eine Stimme meistens besonders angenehm, resonanzreich und sympathisch.
- Geräusche einsetzen: Falls die räumliche Möglichkeit besteht und Sie der Meinung sind, dass der Kunde dies positiv bewertet, sollten Sie überlegen, ob Sie die „Kaufhaus-Idee" nutzen können und sich Musik einsetzen lässt, um das Verkaufsgespräch auch musikalisch zu untermalen.
- Auf die Haptik achten: Nutzen Sie jede Möglichkeit, den Kunden ein Produkt anfassen, riechen und sogar schmecken zu lassen. Natürlich bietet es sich gerade bei bestimmten Produkten an, den Kunden daran riechen zu lassen: Eine „Duftprobe" gehört ins Beratungsgespräch, wenn es zum Beispiel um Cremes oder ein Parfum geht.

Den Preis emotional präsentieren

Der Preis ist heiß! So hieß einst eine beliebte Fernsehsendung. Das Besondere dabei: Man konnte etwas gewinnen. Auch im Verkauf sollten wir den Kunden mit unserem Preis gewinnen. Doch wann steigen wir ins Preisgespräch ein? Am besten gegen Ende unseres Verkaufsgesprächs. Der Kunde sollte erst den Nutzen erfahren haben, der zu seinen Motiven passt. Ist dies gelungen, kann er eine emotionale Beziehung auch zu dem für ihn so nützlichen Produkt aufbauen und abwägen, ob das Angebot den Preis wert ist.

Es geht nicht darum, billig zu kaufen, sondern „preiswert". Am besten, Sie als Verkäufer sprechen von sich aus den Preis oder die Kaufkonditionen an. Damit zeigen Sie dem Kunden Ihr Selbstbewusstsein und Ihre Überzeugung, dass Sie sich mit dem, was Sie verkaufen, identifizieren und zu Ihrem Preis stehen.

Vertreten Sie also voller Überzeugung den Preis – er ist etwas Selbstverständliches und ein Bestandteil Ihres Angebots. Sprechen Sie ruhig, klar und deutlich. Machen Sie keine große Pause vor oder nach der Preisnennung. Bei größeren Angeboten sprechen Sie nicht von Kosten, sondern sagen: „Sie investieren … die Konditionen sind …"

Vermeiden Sie den Begriff „Kosten" so weit es geht. Wenn es ums Bezahlen geht, verbindet unser Gehirn dies mit Schmerz und unangenehmen Gefühlen. Es wird die gleiche Stelle im Gehirn aktiviert, welche auch aktiv ist, wenn Sie auf dem Zahnarztstuhl sitzen und Schmerzen empfinden oder zumindest Angst davor haben.

Geld ausgeben löst negative Emotionen aus. Es muss also auf der positiven Seite schon einiges dafür sprechen, dass der Kunde eine positive Kaufentscheidung fällt. Das Balance-System wehrt sich und entwickelt Gegenstrategien. „Sei sparsam. Muss das sein? So viel Geld hierfür ausgeben? Ausgerechnet jetzt …?"

Sicher kennen Sie selbst einige der Gedanken, die einem vor einer Entscheidung durch den Kopf gehen. Oft beschäftigen wir uns dabei mit dem Preis – wenn der emotionale Nutzen und Mehrwert den Preis aber rechtfertigt, kaufen wir. Deshalb ist es besonders wichtig, dass Sie als Verkäufer selbst vom Preis absolut überzeugt sind. Der Kunde merkt Ihnen jede Unsicherheit unbewusst sofort an – denken Sie an die Spiegelneuronen. Rechtfertigen Sie sich also nicht. Mit Entschuldigungen wie „Ich habe den Preis nicht gemacht" oder „Unsere Firma hat den Preis eben so festgelegt" oder „Weil alles teurer wird, müssen auch wir …" animieren Sie den Kunden erst recht, in die Preisverhandlung einzusteigen.

Übung 20: Stärken Sie Ihren Preis-Wert-Muskel
- Notieren Sie für jedes Ihrer Produkte oder Dienstleistungsangebote mindestens 20 Vorteile oder Nutzen.
- Durch die schriftliche Niederlegung beschäftigt sich auch Ihr Unterbewusstsein mit den Leistungen, die Sie dem Kunden für sein Geld bieten. So leisten Sie Selbstüberzeugungsarbeit auf der bewussten und der unbewussten Ebene.

Wer glaubt, dass Kunden immer nur das billigste Angebot annehmen, liegt zwar falsch, doch die sich selbst erfüllende Prophezeiung wird ihm unter Umständen recht geben. Denn indem er sich darauf konzentriert, wird er ständig Beweise für seine These finden. Und dies dann auch unternehmensintern mit Aussagen kommunizieren wie etwa „Wir waren wieder mal zu teuer." So setzt er einen negativen Kreislauf in Gang, der immer wieder nur beweist, dass der mangelhafte Verkaufserfolg mit dem Preis begründet wird. An ihm selbst kann es mithin nicht gelegen haben.

Allerdings: Es ist die Aufgabe des Verkäufers, den Preis im Vergleich zur gebotenen rationalen und vor allem auch emotionalen Leistung als günstig und wertvoll darzustellen. Der Kunde muss subjektiv mehr Nutzen empfinden. Dies gelingt dann, wenn seine Motive und Werte aktiviert und bedient wurden. Da ohne Emotionen bei absoluter Vergleichbarkeit von Produkten allein der nackte Preis die Kaufentscheidung steuert, ist es wichtig, dass der Kunde die Unterschiede unseres Angebots wahrnimmt. Achten Sie also in Ihren Preispräsentationen nicht nur darauf, dass Sie die Emotionssysteme des Kunden treffen, sondern machen Sie Ihre Angebote unvergleichbar. Hier helfen spezielle Preis-Leistungs-Pakete, Serviceangebote, Garantieleistungen und Betreuungsangebote, sich vom Wettbewerb zu differenzieren. Denn neben der „richtigen" Einstellung zu Ihrem Preis ist die Art und Weise „wie" Sie Ihren Preis nennen entscheidend. Probieren Sie einmal die folgenden Vorgehensweisen aus.

Mit der Sandwich-Methode den Preis verpacken

Präsentieren Sie keine nackten Preise. Sagen Sie nie nur „das kostet …". Je nachdem, wie hoch der Preis ist, kann dies den Kunden in einen wahren Schockzustand versetzen. Aussagen wie „Ich wollte ja nicht gleich Ihre ganze Firma kaufen" sind ein typisches Anzeichen dafür. Verpacken Sie den Preis im Nutzen: Nennen Sie ein oder zwei Nutzen, dann die Investitionssumme, danach wieder ein oder zwei Nutzen. Verstärken Sie dabei das Hauptmotiv bzw. den wichtigsten Kundenwert. Die auf die bevorzugten Emotionssysteme bezogenen Beispiele verdeutlichen die Methode.

- Dominanz-System: „Das XY-Produkt ist repräsentativ und erstklassig. Sie investieren XY Euro und erhalten das führende Produkt am Markt. Sie wollten doch was Anspruchsvolles."

- Stimulanz-System: „Diese Dienstleistung revolutioniert Ihr Unternehmen. Sie investieren nur XY Euro und nehmen eine Vorreiterrolle ein. Sie wollten sich doch von allen anderen unterscheiden, ja?"

- Balance-Bewahrer-System: „Dieses Angebot hat sich bewährt und ist sicher. Die Konditionen hierfür sind XY. Sie sparen dadurch eine weitere Maschine ein und nutzen eine ausgereifte Technik. Sie legen doch Wert auf erprobte Qualität?"

- Balance-Unterstützer-System: „Dieses Produkt können Sie problemlos einsetzen. Es hat einen Wert von XY Euro. Es hilft Ihnen, die jetzige Situation zu meistern, und schützt die Umwelt. Ein gutes Gefühl, oder?"

Nutzen Sie die typengerechte Preispräsentation, um die jeweiligen Werte des Kunden mit dem Preis in Verbindung zu bringen. So steigern Sie Ihre Chance, Ihren Preis durchzusetzen.

Mit der Kontrast-Methode Rahmen schaffen

Bei einem Verkaufstrainingsangebot an eine große Bausparkasse nutzte ich die folgende Argumentation: „Wenn wir alle Verkäufer deutschlandweit trainieren, müssen Sie mit ca. 1,2 Millionen Euro rechnen. Wenn wir nur die Süddeutschen trainieren, kommen wir mit ca. 450.000 Euro hin. Ich schlage vor, dass Sie mit einem regionalen Pilottraining starten. Hierfür investieren Sie nur 37.000 Euro, inklusive der Analyse, des Konzepts und der Umsetzungsbegleitung."

Mit dieser Methode schaffen Sie einen Referenzrahmen: Der Kunden speichert die zuerst genannte Zahl ab. Danach bringen Sie kleinere Messgrößen ins Gespräch. Am Schluss erscheint die angebotene Leistung wie ein „Schnäppchen".

Bei dieser Methode sollten Sie sich vorher überlegen, worin ihr Mindestziel besteht. Bei dem Gespräch ging es mir auch darum, den Fuß in die Tür des Unternehmens zu stellen und das interne Schulungssystem der Bausparkasse durch unsere externe Trainingsleistung zu ergänzen. Ziel war zu beweisen, dass unsere Trainings zu messbaren Erfolgen führen.

Mit der Alternativ-Methode Wahlfreiheit garantieren

Offerieren Sie Ihren Kunden drei Alternativen. Mit dieser Strategie können Sie unterschiedliche Preispakete anbieten. Der Kunde muss nicht *einen* Preis akzeptieren – er hat vielmehr die Wahl und kann entscheiden. Das Gefühl der Selbstbestimmung ist für viele Menschen ein wichtiges Entscheidungskriterium. Wenn Sie ihm keine Wahlmöglichkeiten bieten, dann holt er sich eventuell ein Alternativangebot bei Ihrem Mitbewerber ein. Sagen Sie zum Beispiel: „Für Sie habe ich mir drei Möglichkeiten überlegt. Sie können zwischen erstens … und zweitens … und drittens … wählen."

Schnüren Sie unterschiedliche Preis-Leistungs-Bündel. Diese Methode eignet sich besonders bei Angeboten für hochwertige Produkte und Dienstleistungen, die oft schriftlich vorgelegt werden müssen. Unserer Erfahrung nach hat sich die folgende Vorgehensweise bewährt.

1. Beschreiben Sie Ihr Komplettangebot – es umfasst Ihr maximales Ziel. Bieten Sie etwa Full-Service, die größte Ausführung, Vor- und Nachbetreuung. Packen Sie also alles in das Angebot hinein, was möglich ist.
2. Beschreiben Sie Ihr Zielangebot – das ist das Ergebnis, das Sie erreichen wollen.
3. Beschreiben Sie schließlich, Ihr Standardangebot, das Ihr Minimalziel umfasst. Hier bieten Sie Ihre Standardausführung mit guter Qualität und eventuell ohne Service und Betreuung an.

Bei dieser Variante erleben wir oft, dass sich der Kunde für das mittlere Angebot entscheidet – mit der Option für das größere. Den üblichen Standard wollen die Kunden oft nicht einkaufen. Sollte er sich aber doch dafür entscheiden, haben Sie immerhin auch ein Geschäft gemacht. Und das ist immer noch besser, als ein „Nein" zu kassieren.

Mit der 3-Punkt-Methode Produkt oder Dienstleistung in den Mittelpunkt rücken

Versetzen wir uns in die Lage des Kunden: Er assoziiert den Preis mit der schmerzlichen Trennung von seinem Geld. Er sollte jedoch nicht Sie als den Auslöser dieses negativen Gefühls identifizieren. Sie wollen vielmehr als sein Verbündeter erscheinen, der ihm hilft, sich seine Wünsche zu erfüllen.

Was heißt das? Wenn Sie ihm den Preis direkt ins Gesicht sagen – also sozusagen von Mann zu Mann oder von Frau zu Frau –, kann es sein, dass er Sie als Person mit jenem „Schmerz" verbindet und Sie mit dem Preis identifiziert. Diesen direkten Kontakt zweier Menschen nennt man 2-Punkt-Kommunikation. Nutzen Sie deshalb die wirkungsvolle 3-Punkt-Kommunikation, um der Verbündete des Kunden bleiben zu können: Wenn Sie den Preis nennen, zeigen Sie auf das Produkt, schauen und sprechen Sie direkt dorthin, also quasi zu dem 3. Punkt. Sie schauen und zeigen zum Beispiel auf das Gerät und sagen: „Dieses Gerät bringt Ihnen … und dabei investieren Sie nur …"

Der Vorteil: Nicht Sie sind es, der die Summe XY verlangt – es ist das Produkt, das den Preis notwendig macht. Der Kunde identifiziert nicht Sie, sondern das Produkt mit dem Preis. Sie halten den guten Draht zum Kunden, die Leistung allerdings hat ihren festen Preis: Sie sind hart in der Sache (Preis), aber soft zum Menschen.

Wenn Sie kein Produkt, sondern eine Dienstleistung anbieten, gehen Sie so vor:

- Schreiben Sie den Preis auf ein Blatt Papier oder legen Sie das schriftliche Angebot auf den Tisch – dort ist der Preis genannt.
- Wenn Sie den Preis nennen, schauen und zeigen Sie auf das Papier, welches als „dritter Punkt" fungiert.
- So können Sie hart und bestimmt über den Preis sprechen und soft und verständnisvoll zu Ihren Kunden.

Übung 21: Trainieren Sie den Einsatz der Preis-Methoden

- Überlegen Sie, welche Ihrer Angebote Sie auf die Alternativ-Methode umstellen können.
- Formulieren Sie vier Preis-Sandwiches, um die jeweiligen Emotionssysteme anzusprechen.
- Bei welchen Produkten und Dienstleistungen können Sie die 3-Punkt-Methode einsetzen?

Wandeln Sie Einwände in Werte und Nutzen um

Bisher haben wir die wesentlichen Phasen eines Verkaufsgesprächs detailliert betrachtet. Wie kann es denn sein, dass der Kunde dennoch Einwände hat? Wenn dies der Fall ist, haben wir an der einen oder anderen Stelle nicht gründlich genug gearbeitet. Das Limbic® Sales-Konzept basiert auf der Idee, Einwände möglichst gar nicht erst aufkommen zu lassen. Wenn wir eine persönlich gute Kundenbeziehung aufgebaut haben und den dem Kunden wichtigen Werten auf die Spur gekommen sind, können wir das passende Angebot präsentieren. Natürlich wird der Kunde immer wieder Fragen stellen – aber zu „echten" Einwänden sollte es nicht mehr kommen. Schließlich ist es uns gelungen, das entscheidende Emotionssystem des Kunden anzusprechen. Wenn dies nicht gelungen ist, scheint es fraglich, ob wir der richtige Anbieter sind bzw. das Produkt das richtige für den Kunden ist.

Doch dürfen wir nicht so schnell aufgeben. Wahrscheinlich haben wir einen wichtigen Wert bisher noch nicht erkannt und berücksichtigt. Hören wir doch noch genauer hin, welche Werte des Kunden noch nicht angesprochen sind und welcher Nutzen nicht erfüllt ist.

Der Einwand als „Wunsch nach dem Mehr-Wert"

Wenden Sie die limbische Einwandtechnik an, indem Sie den Einwand als den „Wunsch nach dem Mehr-Wert" verstehen. Ich denke, wir sollten nicht versuchen den Kunden zu überreden, zu überrumpeln oder zu manipulieren. Ein fairer wertschätzender Verkaufserfolg bringt langfristig mehr Nutzen – auch für uns. Unser Verkaufsziel sollte sein, den Kundenwunsch zu wecken, den Kunden glücklich zu machen und möglichst sogar zu begeistern. So gelingt der Aufbau einer langfristigen Geschäftsbeziehung. Dies ist mit der Limbic® Sales-Methode möglich, da diese auf die Motive und Werte des Kunden abhebt und nicht die Zielsetzung verfolgt, die Bedürfnisse des Verkäufers und seines Unternehmens durchzusetzen.

Und auch, wenn wir jetzt im aktuellen Kundengespräch nicht zum Abschluss gelangen, erhalten wir aufgrund der fairen Behandlung des Kunden, die bei der Limbic® Sales-Methode immer ein Ziel des Verkäufers ist, bestimmt zu einem späteren Zeitpunkt eine neue Chance für ein interessantes Geschäft. Dabei gilt: Bevor wir versuchen, einen Kunden, der nicht kaufen will, mit der Brechstange zu überzeugen, ist es besser, die Zeit in andere Kunden zu investieren. Ein uralte Weisheit der Dakota-Indianer besagt: „Wenn Du entdeckst, dass Du ein totes Pferd reitest, steig' ab." Das schont die Nerven aller Beteiligten und erhöht die Chance auf „wertvolle" und ethisch legitimierte Abschlüsse und Weiterempfehlungen.

Dennoch ist es sinnvoll, sich im Vorfeld des Kundengesprächs über mögliche Einwände Gedanken zu machen. Eine gute Einwandbehandlungsstrategie gibt Ihnen Sicherheit im Gespräch. Die größten Fehler, die Verkäufer bei Einwänden machen, sind:

- Sie widersprechen: „Das stimmt nicht …" und „Das sehen Sie falsch …"
- Sie belehren: „Ich zeige Ihnen mal …" und „Ihr Kollege kennt das besser …"
- Sie geben das „Ja-aber-Recht": „Ja, das stimmt, aber …" und „Das ist richtig, aber …"

Solche Antworten rufen beim Kunden negative Emotionen hervor. Natürlich ist es wichtig, auf den Kundeneinwand einzugehen und ihn zu entkräften. Dies geht jedoch nicht mit den genannten Floskeln.

Limbische Einwandbehandlung in vier Schritten

Beginnen wir mit dem ersten Schritt: Betrachten Sie die Aussagen Ihres Gesprächspartners auf keinen Fall als Einwand. Am besten streichen Sie dieses Wort aus Ihrem Sprachschatz. Ein Einwand bringt die meisten Verkäufer in einen schlechten emotionalen Zustand. Das wiederum schränkt die Denkfähigkeit ein. Betrachten Sie die Aussage als Frage, als Interesse. Sie gibt Ihnen die Möglichkeit, etwas über den Wissensstand Ihres Kunden zu erfahren. Der Vorteil: Jetzt können Sie die noch fehlende Information nachliefern!

Der schlimmste Einwand, der Ihnen begegnen kann, ist der, der nicht ausgesprochen wird. Denn Sie haben keine Möglichkeit, ihn zu korrigieren. Wenn Ihr Gesprächspartner aber sagt, was ihn beschäftigt, erhöhen sich Ihre Erfolgsaussichten. Mit Hilfe seines Einwands können Sie sein Emotionssystem erkennen und darauf eingehen.

Hören Sie genau hin, was der Kunde sagt. Zeigen Sie Interesse an seiner Frage. Disqualifizieren Sie diese nicht verbal oder nonverbal als unwichtig oder gar unsinnig. Würdigen Sie die Kundenfrage und den Einwand, geben Sie ihm das Gefühl, dass seine Frage wichtig und wertvoll ist. Wenn Sie so vorgehen, bleiben Sie und Ihr Kunde in einem guten emotionalen Zustand. Und das ist die beste Ausgangsbasis für eine werteorientierte Einwandbehandlung. Nutzen Sie die sogenannten Brückensätze, um eine mögliche Werte-Kollision zu entschärfen. Statt zu widersprechen oder zu belehren, sagen Sie:

- „Das ist eine interessante Frage …"
- „Gut, dass Sie das zur Sprache bringen …"
- „Ein wichtiger Punkt, den Sie da ansprechen …"
- „Ich kann gut verstehen, dass Ihnen das wichtig ist."

In diesem Moment sagen Sie noch kein Wort über die Sache selbst, über das Problem oder über die Lösung. Sie würdigen zuallererst den Menschen und sein Anliegen und stellen dessen Wichtigkeit heraus. Sie zeigen, dass Sie sich für seine Frage interessieren.

Jetzt erst erfolgt der zweite Schritt: Hinterfragen Sie den Ihnen genannten Einwand. Welches Motiv und welchen Wert Ihres Gesprächspartners haben Sie noch nicht angesprochen? Welcher Wunsch ist noch offen? Einwände sind noch nicht erfüllte limbische Werte. Die Werteerfüllung ist ein wesentliches Kaufentscheidungskriterium. Also gilt es jetzt, diese Werte zu erkennen und dem jeweiligen Emotionssystem zuzuordnen. Mit anderen Worten: Sie können anhand des Einwands denjenigen Werten des Kunden auf die Spur kommen, die in seinem bevorzugten Emotionssystem eine ungeheuer wichtige Rolle spielen, mithin seine Kaufentscheidung erheblich beeinflussen.

Voraussetzung ist, dass es sich um einen echten Einwand handelt – und nicht um einen Vorwand. Ein echter Einwand ist quasi ein Hilferuf aus unserem Emotionssystem. Ein Vorwand ist eine Strategie, um seine wahre Meinung nicht äußern zu müssen. Wenn Sie den Verdacht haben, fragen Sie weiter und versuchen Sie herauszufinden, was wirklich dahinter steckt. Fragen Sie z. B. ob dies der einzige Grund ist, der ihn zögern lässt.

Es gibt auch Einwände, die vom Kunden als strategische Waffe eingesetzt werden. Dies ist häufig in Gesprächen mit Einkäufern der Fall. So möchten diese zum Beispiel testen, wie Sie auf Einwände reagieren, und sich eine gute Ausgangsposition für die Preisverhandlung verschaffen. Nach dem Motto „Etwas geht immer" oder „Ich wollte einfach nur mal fragen ..." nutzen Einkäufer Einwände häufig, um Sie zu verunsichern. Lassen Sie sich dadurch nicht aus der Ruhe bringen. Bleiben Sie standhaft und argumentieren sie weiter mit Nutzen, Nutzen, Nutzen.

Zurück zur Frage, wie wir im Zuge der Einwandbehandlung das Emotionssystem erkennen. Wie Sie wissen, sind die Werte auf der Limbic® Map den jeweiligen Systemen zugeordnet. Das bedeutet: Typische Einwände aus

- dem Dominanz-System können sein: „Es rechnet sich nicht", „Das ist nicht effektiv genug", „zu langsam", „umfasst zu wenig Leistung", „ist zu teuer", „ist zu allgemein", „ist kein Top-Modell",

- dem Stimulanz-System: „Das ist nichts Neues", „haben wir schon" „ist zu bürokratisch", „ist zu gewöhnlich", „ist zu langweilig", „macht kein Spaß", „kennen wir schon",

- dem Balance-Unterstützer-System: „Ist nichts für mich", „Das gefällt mir nicht", „bringt meinem Team nichts", „habe dabei kein gutes Gefühl", „passt nicht zu uns", „ist zu kompliziert", „ist nicht verständlich genug" und

- dem Balance-Bewahrer-System: „zu wenig Erfahrung", „nicht bewährt genug", „ist nicht getestet", „ist nicht ausgereift", „es fehlt die Garantie", „nicht genau kalkuliert", „ist unzuverlässig", „ist nicht strukturiert".

Sie sehen: Solche Aussagen lassen sich den Werten auf der Limbic® Map eindeutig zuordnen. Sie zeigen Ihnen, welcher Wert noch nicht angesprochen und erfüllt wurde. Wenn ein Kunde zum Beispiel den Einwand „Das Produkt ist doch nicht getestet" erhebt, spricht er den Wert „Sicherheit" an – Sie haben diesen dem Kunden so wichtigen Wert mit Ihren Argumenten noch nicht angesprochen und erfüllt. Bei dem Einwand „Das ist doch nicht Neues" sind es die Werte „Abwechslung" und „Innovation".

Kommen wir zum dritten Schritt. Nachdem Sie festgestellt haben, welche Werte Sie auf der emotionalen Ebene noch ansprechen müssen, sollten Sie den Kunden jetzt einfach danach fragen, was notwendig ist, um diese Werte ausreichend zu erfüllen. Stellen Sie darum eine Verständnisfrage wie: „Was meinen Sie konkret?"

Im vierten Schritt geht es darum, eine Lösung zu finden, die für alle Beteiligten akzeptabel ist. Wenn beim Kunden kein Mehrwert im Emotionssystem ausgelöst wird, ist der Preis sein Einkaufsparameter. Der nackte Preis wird jetzt zur Entscheidungsgrundlage. Das müssen Sie verhindern. Und darum können Sie die genannten vier Schritte folgendermaßen umsetzen:

Beispiel: Das Balance-Bewahrer-System
- Einwand: „Die Qualität stimmt nicht."
- Würdigung: „Ja, das ist ein wichtiger Punkt, den Sie da nennen."

- Wertefrage: „Was fehlt Ihnen, um bezüglich der Qualität noch mehr Sicherheit zu erhalten?"
- Mögliche Antwort: „Es wäre toll, wenn es zu dem Produkt mehrere Testläufe geben würde."
- Verständnisfrage: „Was meinen Sie damit? Können Sie mir Details nennen ...?"
- Lösungsvorschlag: „Was halten Sie von folgender Lösung ..." oder „Darf Ich Ihnen meine Idee vorstellen, wie wir Ihnen die Qualität des Produkts belegen können?"

Aber es gibt auch Situationen, in denen es besser ist, wenn Sie direkt auf den gewünschten Wert eingehen und Ihre Ideen vorstellen.

Beispiel: Das Balance-Bewahrer-System
- Einwand: „Das ist doch ein alter Hut."
- Würdigung: „Vielen Dank, das ist ein wichtiger Aspekt."
- Werteformulierung: „Ihnen ist also wichtig, dass Ihnen das Produkt was Neues bringt."
- Lösungsvorschlag: „Nun, neu daran ist die Umsetzung, Damit grenzen sie sich eindeutig vom Wettbewerb ab."

Ganz gleich, welche Einwände Ihr Gesprächspartner vorträgt: Überlegen Sie, welcher Wert oder welche Werte noch nicht ausreichend berücksichtigt wurden. Treffen Sie die Entscheidung, ob Sie mit einer Wertefrage weitere Informationen erhalten können oder ob Sie direkt den Einwand in einen Wert (Wunsch) umformulieren und mögliche Lösungen vorschlagen sollten.

Übung 22: Die Vier-Schritt-Methode
- Bereiten Sei jetzt das nächste anstehende Kundengespräch, bei dem Sie Einwände erwarten, nach der Vier-Schritt-Methode vor.
- Beginnen Sie mit einem Kunden, den Sie sehr gut kennen und bei dem Sie das bevorzugte Emotionssystem einschätzen können.

Kundenvergleiche ins richtige Verhältnis setzen

Eine Besonderheit möchte ich an dieser Stelle noch beschreiben. Immer dann, wenn Einwände mit den Wörtchen „zu" in Verbindung stehen, findet im Gehirn des Kunden ein innerer Vergleich statt. Sie wissen nicht, womit er den Vergleich anstellt. Sie müssen herausfinden, welchen Vergleichsmaßstab er anlegt. Nehmen wir das Beispiel „zu teuer". Die Frage ist, womit der Kunde Ihr Angebot ins Verhältnis setzt:

- zu teuer im Verhältnis zur Rendite (Dominanz-System),
- zu teuer im Vergleich mit seinem Budget (Balance-Bewahrer-System),
- zu teuer im Vergleich mit dem, was er schon hat (Stimulanz-System) oder
- zu teuer im Verhältnis zum notwendigen Personalaufwand (Balance-Unterstützer-System).

Wenn Sie durch Fragetechnik festgestellt haben, womit der Kunde tatsächlich vergleicht und in welchem Emotionssystem dies geschieht, können Sie den Einwand zunächst würdigen – „Danke, Sie sprechen einen entscheidenden Punkt an" – und dann mit einer wiederum emotionsbezogenen Wertefrage fortfahren:

- „Wie muss unser Angebot aussehen, damit es sich für Sie rechnet?" (Dominanz-System)
- „Was müssen wir bieten, dass Sie Sicherheit für Ihren finanziellen Rahmen haben?" (Balance-Bewahrer-System)
- „Inwiefern muss unser Angebot abgeändert werden, damit es Ihnen etwas Neues bietet und interessant für Sie ist?" (Stimulanz-System)
- „Was müssen wir verändern, damit es die Mitarbeiter einfach anwenden können?" (Balance-Unterstützer-System)

Wenn Sie den Vergleich derart aufgelöst haben, können Sie sehr konkret das jeweilige Emotionssystem des Kunden ansprechen und die Wertigkeit Ihres Angebots erhöhen.
Bedenken Sie überdies, dass bei einer Kaufentscheidung immer eine Preis-Werte-Kalkulation im Gehirn stattfindet. Da Geld ein emotionaler Wunscherfüller ist, ist der Preis eine wichtige Entscheidungsgröße. „Zu teuer" bedeutet in der Preis-Werte-Kalkulation mehr Unlust und Schmerz – und weniger Lust und Freude. Und darum

müssen wir auf Kundenseite den Trennungsschmerz, der entsteht, weil der Kunde Geld ausgeben muss, durch positive Emotionen kompensieren. Einen höheren Preis setzen wir dann durch, wenn das Produkt oder die Dienstleistung einen hohen emotionalen Wert hat. Dem Stimulanz-System müssen wir einen hohen Erlebnischarakter bieten. Anders formuliert: Wir müssen dem Kunden das Gefühl vermitteln, für sein Geld Langeweile reduzieren und mehr erlebnishafte Elemente in sein Leben integrieren zu können. Ich betone aber nochmals: All dies muss durch das Produkt selbst oder die Dienstleistung natürlich auch gerechtfertigt sein. Ein weiteres Beispiel: Das Dominanz-System verlangt nach Status und Exklusivität, Macht und Durchsetzung. Wenn wir dem Kunden dies wahrhaft vermitteln können, wird ihm unser Angebot nicht mehr zu teuer sein. Das Balance-System schließlich lässt sich am besten mit Aspekten wie hohe Qualität, Zuverlässigkeit und Sicherheit beeindrucken. Wer dem Kunden diese Gefühle am besten vermittelt, hat die größte Chance, auch zu verkaufen.

Übung 23: Nehmen Sie sich Zeit zum Nachdenken

Welche der folgenden Tipps können Sie einsetzen?

- Hören Sie aufmerksam zu und interessieren Sie sich für die Fragen (Einwände) Ihrer Kunden.
- Würdigen Sie die Aussagen des Kunden.
- Versuchen Sie das Motiv bzw. den Wert herauszufinden, welcher hinter dem Einwand steckt.
- Hinterfragen Sie gegebenenfalls den Einwand (Verständnisfragen). Lassen Sie sich erklären, wie der Kunde zu dieser Aussage gelangt ist.
- Widersprechen und belehren Sie nicht. Vermeiden Sie Ja-aber-Formulierungen.
- Bei Einwänden, welche bei vielen Kunden immer wieder auftauchen, sollten Sie sich passende Antworten im Vorfeld zurechtlegen. Zu erwartende Einwände können Sie auch vorwegnehmen – Sie sprechen dann den möglichen Einwand selbst aktiv an: „Oft werde ich von Kunden gefragt, wie es um die Sicherheit dieses Produkts bestellt ist ..."
- Gleich welcher Einwand kommt: Bleiben Sie in einem guten Zustand. Immerhin hat der Kunde noch nicht „Nein" gesagt. Er spricht noch mit Ihnen. Helfen Sie ihm, sich seine Wünsche zu erfüllen.

Bauen Sie Zusagesicherheit auf

Jetzt wird es ernst. Der Abschluss steht bevor, die Krönung unseres Verkaufsgesprächs. Doch der Begriff „Abschluss" ist nicht der richtige – es soll ja nicht wirklich Schluss sein. Jetzt beginnt doch erst die Kundenbeziehung, oder sie wird ausgebaut. Verwenden wir also besser den Begriff „Auftrag": Jetzt gilt es also, den Auftrag zu erhalten und dem Kunden die Sicherheit zu geben, dass er sich richtig entschieden hat.

Ihr Ziel besteht darin, dass der Kunde gute Gefühle erleben und schlechte Gefühle vermeiden kann. Deshalb muss das Angebot seine Werte ansprechen und erfüllen. Erst dann können wir von einem erfolgreichen Verkaufsgespräch sprechen.

Sicher kann nicht jedes Gespräch zu einem sofortigen Auftrag führen. Manchmal sind Folgegespräche notwendig – aber nicht immer. Ein Gespräch kann aber durchaus auch dann als erfolgreich bewertet werden, wenn es *nicht* zur Auftragserteilung gekommen ist. Vielleicht konnten Sie das Gespräch so gestalten, dass es in der Nachbetreuung dazu kommt. Oder Sie erreichen es, dass der Kunde Sie empfiehlt.

Worauf ich hinaus will: Sehen Sie nicht nur einzig und allein das Kunden-Ja als mögliches Ergebnis des Gesprächs. Ich empfehle Ihnen deshalb, vor dem Verkaufsgespräch mehrere mögliche Ziele konkret festzulegen und dabei eine gewisse Zielbandbreite zu berücksichtigen. Natürlich: Das oberste Ziel ist das sofortige Kunden-Ja. Ihr Ziel kann aber auch eine konkrete Vereinbarung sein, also ein Commitment mit dem Kunden, die Beziehung auf eine irgendwie geartete Weise fortzusetzen.

Ihr Ziel ist der Auftrag, und Ihr Maximalziel wäre ein Auftrag mit Zusatzverkauf. Ihr Minimalziel jedoch ist die Zustimmung des Kunden, sich Ihr Angebot durch den Kopf gehen zu lassen und einen Folgetermin mit Ihnen zu vereinbaren. Wenn Sie mit solch einer Zielbandbreite ins Gespräch gehen, verhindern Sie, enttäuscht und demotiviert zu werden. Und wenn Sie nicht so recht weiterkommen, konzentrieren Sie sich auf Ihr Minimalziel.

Keine Angst vor dem „Nein"

Wenn alles optimal läuft, brauchen Sie den Kunden nicht zu fragen, ob er kaufen möchte. Er wird selbst sagen, dass er es tun wird. Er wird bei Ihnen einkaufen. So wurden Sie vom Verkäufer zum Einkaufsbegleiter. Doch mancher Kunde benötigt noch einen Impuls, um eine Entscheidung zu treffen. Es ist die Aufgabe des Verkäufers, die Kaufsignale, die der Kunde aussendet, rechtzeitig zu erkennen und ihm dann beim Einkaufen und seiner Entscheidungsfindung zu helfen. Das bedeutet: Das Kaufsignal des Kunden muss in den Status der Zusagesicherheit überführt werden.

Wir wissen ja jetzt: Kaufentscheidungen unterliegen einem Entscheidungsprozess, der im Gehirn abläuft. Der eine Kunde kauft bei vergleichbaren Produkten das teuerste, ein anderer nimmt immer das billigere. Einige entscheiden sich für dasjenige, was am meisten gekauft wird, während andere das erstehen wollen, was noch keiner hat. Manche müssen etwas ausprobieren und spielen, manche kaufen, weil es gut aussieht oder sich gut anfühlt. Neben dem obsessiven Schnäppchenjäger gibt es den Beipackzettel- und Gebrauchsanweisungsleser, dem es wichtig ist, zum Beispiel jedes Produktdetail genau zu studieren.

Ihre Aufgabe ist es, dies anhand der entsprechenden Kundensignale zu erkennen und den Interessenten zum Auftrag zu führen. Doch viele Gespräche scheitern an der nicht gestellten Abschlussfrage. Etwa weil Sie jene Signale nicht zu erkennen vermögen. Oder die Angst vor dem Nein des Kunden lässt Sie diese wichtige Frage nicht stellen.

Beachten Sie: Es kann doch gar nicht ausbleiben, dass Sie auf eine gewisse Anzahl von Nichtkäufern treffen. Das ist Ihr berufliches Schicksal. Nicht jeder Interessent wird bei Ihnen kaufen. Nicht so erfolgreiche Verkäufer haben oft Angst vor diesem „Nein". Sie mögen keine Zurückweisung, keine Ablehnung. Deshalb gehen sie der Abschlussfrage aus dem Weg. Sie zerreden den Abschluss oder vertagen ihn sogar. Eine gefährliche Strategie, denn schlaue Mitbewerber schlafen nicht. Zögerliches Verhalten kann die gesamte Verkaufsarbeit zunichte machen. Ein Nein des Kunden muss sich jedoch nicht zwangsläufig gegen Sie, gegen den Verkäufer richten. Es kann auch ein Nein zum Angebot sein, oder zum Preis. Darum: Seien Sie mutig und stellen Sie diese kaufentscheidende Frage. Wenn wirklich ein Nein kommt, nehmen Sie es nicht so tragisch. Immerhin haben Sie jetzt Klarheit.

Spitzenverkäufer geben an dieser Stelle noch nicht auf. Sie setzen nach und fragen: „Was fehlt Ihnen noch? Was daran gefällt Ihnen nicht? Was müssen wir tun, dass Sie kaufen?" Fragen dieser Art halten die Verkaufsmöglichkeit weiter offen. Entscheidend ist: Der Abschluss beginnt nicht bei der Abschlussfrage. Nein, er beginnt im Kopf des Verkäufers. Mental wird real. Was Sie denken, empfängt der Kunde. Wenn Sie überzeugt sind, dass etwa ein Produkt das richtige für Ihren Kunden ist, wirken Sie authentisch, Sie übertragen diese Sicherheit auf Ihren Kunden. Umgekehrt gilt dieser Zusammenhang allerdings ebenso: Die Abschlussangst des Verkäufers bewirkt, dass der Kunde Kaufangst empfindet. Spitzenverkäufer sind überzeugt – und überzeugen so. Nur überzeugte Verkäufer können überzeugen. Sie übertragen ihren positiven Zustand und ihre Begeisterung auf den Kunden. Sie wollen das Ja des Kunden. Sie wollen, dass Ihr Kunde gerne bei Ihnen einkauft.

Limbic® Sales-Praxistipp: Ihre Strategie zum Kunden-Ja

Kommen wir jetzt zur entscheidenden Strategie des Limbic® Sales-Verkäufers, ein Kunden-Ja zu erzielen:
- Abschluss- und Kaufsignale erkennen,
- Testabschlussfrage stellen,
- Frage nach dem Auftrag oder typengerechte Abschlussfragen stellen,
- auf Nein oder Bitte um Bedenkzeit reagieren,
- Kaufbestätigung erhalten,
- Weiterempfehlung erhalten und
- entscheidenden letzten Eindruck erwecken.

Nonverbale und verbale Kaufsignale erkennen

Im Laufe eines Verkaufsgesprächs sendet der Interessent zahlreiche Kaufsignale aus. Diese verbalen oder nonverbalen Impulse müssen vom Verkäufer wahrgenommen werden. Sie zeigen ihm, wann er den Abschluss herbeiführen kann. Zudem signalisieren sie den inneren Zustand des Kunden. Sie offenbaren seine Denkweise und ob er dem Kauf mit einiger Wahrscheinlichkeit zustimmen oder ablehnen wird. Achten Sie auf diese Signale und versuchen Sie, das Kaufmotiv zu erkennen und für den Abschluss zu nutzen.

Wichtige nonverbale Kaufsignale sind: Der Blickkontakt zwischen dem Kunden und Ihnen ist freundlich. Die Gesichtsmuskeln des Kunden sind entspannt, beim sprechen zeigt er eine lebhafte Mimik, der Körper ist leicht vorgebeugt. Offen gezeigte Handflächen und ein Händereiben drücken Freude aus. Ein (leichtes) Lächeln und ein heftiges Nicken mit dem Kopf signalisieren ebenfalls die Kaufbereitschaft des Kunden. Er greift nach dem Produkt oder dem Muster.

Achten Sie natürlich auch auf die verbalen Kaufsignale. Oftmals sind dies Fragen, seltener konkretere Aussagen. Das ist der Fall, wenn der Kunde über Themen spricht, die erst nach der Kaufentscheidung von besonderer Wichtigkeit sind, etwa: „Wie verknüpfe ich das Programm mit unserer Software."

Auch die Frage nach Referenzen kann ein Zeichen sein, dass Ihr Kunde innerlich seine Entscheidung bereits getroffen hat oder nahe davor steht, sie zu treffen. Er möchte sie aber durch weiteres Nachfragen zusätzlich absichern, indem er zum Beispiel fragt: „Haben Sie denn von anderen Kunden gehört, ob sie zufrieden mit diesem Produkt sind?"

Auch wenn er sich nach Produktdetails und Konditionen erkundigt, dürfen Sie dies als Kaufsignal interpretieren, allerdings als eher schwach ausgeprägtes. Hier sollten Sie eine Zusatzfrage stellen, die eine bessere Beurteilung der Zusagesicherheit oder Abschlussreife erlaubt, wie z. B. „Entspricht das Ihren Vorstellungen?".

Dabei gilt stets: Kundenäußerungen, die sich mit den Folgen beschäftigen, die eine Kaufentscheidung nach sich zieht, zeigen an, dass der Kunde „reif" ist für die Frage, die zum Auftrag führt. Konkrete Beispiele für verbale emotionssystembezogene Kaufsignale sind:

- „Darf ich das mal ausprobieren?" (Stimulanz-System)

- „Wie sind Ihre Geschäfts- und Zahlungsbedingungen?" (Balance-Bewahrer-System)

- „Wie viel Skonto bekommen wir bei Sofortzahlung?" (Dominanz-System)

- „Können Sie das meinen Kollegen auch zeigen?" (Balance-Unterstützer-System)

Jetzt ist es Ihre Aufgabe, solche Kaufsignale in Aufträge umzuwandeln. Kombinieren Sie dazu einen Kaufsignalverstärker mit einer Gegenfrage, die in Richtung Abschluss führt – dazu ein Beispiel. Auf die – als Kaufsignal zu wertende – Kundenfrage: „Kann man in Ihr Verkaufstraining auch noch andere Themen einbeziehen?" antworten Sie *nicht*: „Ja, wir können auch die Themen Zeit- und Zielmanagement integrieren." Vielmehr verstärken Sie das Kaufsignal und stellen eine Gegenfrage: „Schön, das Ihnen das Training gefällt. Um welche Themen sollen wir Ihr Training denn ergänzen?" Solche Gegenfragen bringen Sie dem Abschluss einen deutlichen Schritt näher.

Mit dem richtigen Abschluss zum Auftrag

Wenn Sie die Kauf- und Abschlusssignale erkannt haben, stellen Sie die Abschlussfrage. Wenn Sie noch nicht sicher sind, nutzen Sie eine Vorabschluss- oder Testabschlussfrage. Spitzenverkäufer geben dem Kunden von Zeit zu Zeit eine kurze Zusammenfassung des Besprochenen an die Hand. So bauen sie die Zusagesicherheit bewusst auf und erreichen einen Teilabschluss – dazu einige Beispiele:

- „Sind wir uns bisher einig?"

- „Wie gefällt Ihnen das bisher?"

- „Liegt das innerhalb Ihrer Finanzplanung?"

- „Können Sie sich das vorstellen?"

- „Wie sollte unser weiteres Vorgehen aussehen?"

- „Was benötigen Sie noch, damit Sie eine positive Entscheidung treffen können?"

Je nach Antwort Ihres Kunden geben Sie dann noch weitere Informationen oder behandeln aufkommende Einwände mit der beschriebenen werteorientierten Einwandbehandlung. Sie sind jetzt am entscheidenden Punkt Ihres Gesprächs angekommen. Sofern es keine weiteren Hindernisse gibt, stellen Sie die Frage, die zum Auftrag hinführt: „Wollen Sie kaufen – oder kaufen?" Die Frage dabei ist nicht, *ob* der Kunde kauft. Vielmehr setzen Sie seine Zustimmung voraus. Denn Sie haben seine Kaufabsicht ja bereits erkannt. Fragen Sie einfach, ob er lieber X oder Y möchte. Oder: „Sollen wir morgen liefern oder erst Anfang kommender Woche? Möchten Sie bar oder mit Karte zahlen?" Denken Sie bei der Frage an Ihr Zustandsmanagement. Seien Sie offen, lachen Sie freundlich. Lassen Sie Ihre Augen strahlen, nicken Sie heftig und vor allem: sprechen Sie nicht weiter. Warten Sie die Antwort Ihres Kunden ab.

Der Vorteil dieser Frageform ist, dass der Kunde die Wahlmöglichkeit hat. Seine Gedanken kreisen nicht darum, ob er kauft, sondern welche der genannten Möglichkeiten die bessere für ihn ist. Wichtig ist: Lassen Sie den Kunden möglichst niemals im klassischen Sinn wählen, ob er kaufen will oder nicht. Leider höre ich viel zu oft die berühmte Frage: „Lieber Kunde, möchten Sie das nehmen oder nicht? Sollen wir das so machen – oder nicht?" Sicher ist das auch eine Alternativfrage – aber die absolut falsche! Ihre Frage sollte immer lauten: „Möchten Sie kaufen – oder kaufen?"

Hier noch einige Abschlussfragen, mit denen Sie die unterschiedlichen Emotionssysteme ansprechen:

Für das Dominanz-System:

- „Schön, dann sind wir uns ja einig."
- „Wollen wir das so machen?"
- „Wann wollen wir beginnen?"
- „Wohin sollen wir liefern?"
- „Es gibt nichts Gutes, außer man tut es. Wann soll es losgehen?"

Für das Stimulanz-System:

- „Prima, heißt das, wir werden zukünftig zusammenarbeiten?"

- „Wollen Sie die neueste Ausführung haben?"
- „Die Großen fressen die Kleinen, hieß es früher. Heute heißt es: Die Kreativen fressen die Unbeweglichen. Wann setzen wir diese Idee um?"

Für das Balance-Bewahrer-System:

- „Die meisten Kunden entscheiden sich für diese strukturierte Vorgehensweise. Sie auch?"
- „Sollen wir zunächst mit einem Probeauftrag starten?"
- „Ab wann können wir frühestens beginnen?"

Für das Balance-Unterstützer-System:

- „Ich persönlich empfehle Ihnen ..., wollen wir das so machen?"
- „Wenn Sie mein Bruder wären, würde ich sagen: Nehmen Sie es. Was denken Sie?"
- „Ich merke, Sie haben ein gutes Gefühl bei diesem Angebot. Sagen Sie ja, und es kann sofort losgehen."

Lassen Sie mich zum Schluss dieses Kapitels betonen, dass in der Abschlussphase des Verkaufsgesprächs für die jeweiligen Emotionssysteme folgende Regeln gelten:

- Dominanz-System: Fassen Sie kurz zusammen. Wiederholen Sie die Kernbotschaften. Stellen Sie die wichtigsten Vorteile heraus. Fordern Sie die konkrete Entscheidung.

- Stimulanz-System: Malen Sie das mögliche Ziel aus. Zeigen Sie attraktive Chancen auf. Blicken Sie in die Zukunft. Zeigen Sie auf, zu welchen Erlebnissen der Käufer durch den Einkauf bei Ihnen gelangt.

- Balance-Bewahrer-System: Fassen Sie die wichtigsten Beweise zusammen. Legen Sie Termine fest. Planen Sie die Umsetzung. Geben Sie dem Kunden Sicherheit.

- Balance-Unterstützer-System: Bringen Sie emotionale Aussagen. Sprechen Sie in der Wir-Form. Formulieren Sie leidenschaftlich und menschlich.

Geben Sie eine konkrete Kaufbestätigung

Wenn der Kunde bei Ihnen gekauft und den Auftrag erteilt hat, können Sie noch etwas sehr Wichtiges für ihn tun. Bestätigen Sie ihm, dass er die richtige Entscheidung getroffen hat. Oft sucht der Kunde nach dieser Bestätigung: Er zweifelt an seiner Entscheidung und möchte wissen, ob Sie wirklich gut war. Dieses Gedankenspiel nennen wir „Kaufkater". Fragen wie „War dieser Kauf wirklich nötig? Ausgerechnet jetzt? Hält die Firma auch die zugesagten Versprechen ein? Hätte ich es woanders billiger bekommen?" sähen Zweifel im Kundenherzen aus. Deshalb ist es gut, wenn Sie ihn in seiner Entscheidung bestätigen – so geht die Saat des Zweifels nicht auf. Prüfen Sie, welche der folgenden Formulierungen zu Ihnen passen:

- „Vielen Dank, das war eine gute Entscheidung."
- „Sie werden begeistert sein, wenn Sie ..."
- „Eine gute Wahl, die Sie getroffen haben."

Bei einem Verkaufsgespräch sagte mit letztens ein Verkäufer: „Schön, ich freue mich auf unsere Zusammenarbeit. Sie werden es *nicht* bereuen." Das ist eine gefährliche Wortwendung: Geben Sie keine Bestätigungen ab, in denen eine Verneinung vorkommt, also etwa „nein, nicht, kein". Formulieren Sie immer positiv. Das Nein verstärkt die Angst – in dem Verkaufsgespräch dachte ich sofort: „Was, wenn ich es doch bereue? Mache ich einen Fehler?"

Gehen Sie besser noch einmal auf die dem Kunden wichtigen Werte ein: „Schön, ich freue mich auf unsere Zusammenarbeit. Wir werden Ihre Unterlagen wie gewünscht termingerecht und professionell erstellen." Verstärken Sie so auf Kundenseite die Gewissheit, die richtige Entscheidung getroffen zu haben.

Auf Absagen und die Bitte um Bedenkzeit richtig reagieren

Sie wissen: Nicht jeder Abschluss gelingt. Dafür kann es viele Gründe geben. Selbst wenn Sie den Verkaufsprozess gut gesteuert haben, ist es nicht gelungen, den Kunden zu überzeugen. Oder der Kunde möchte Ihr Angebot noch einmal in Ruhe überdenken. Allerdings: Der Grund für das Nein muss gar nicht an Ihnen oder Ihrem Angebot liegen. Manchmal sind es kundenseitig hausinterne Abstimmungen oder Vereinbarungen und damit uns nicht zugängliche Gründe, die unseren Aktivitätsdrang lahm legen. Dennoch: Bleiben Sie dran, machen Sie das Beste daraus. Eine liebevolle Hartnäckigkeit zahlt sich oft aus.

Selbstverständlich jedoch gibt es ganz konkrete Dinge, die Sie tun können, um mit solchen Hindernissen produktiv umzugehen. Fragen Sie:

- „Was benötigen Sie noch, um sich sicher zu entscheiden?"
- „Was kann ich im Moment tun, damit Sie zusagen?"
- „Was kann ich machen, dass Sie ein gutes Gefühl dabei haben?"

Bei wichtigen Gesprächen können Sie auch einmal die Schuld für den „Fehlschlag" ganz auf sich nehmen. Sagen Sie zum Beispiel:

> „Mein Gefühl sagt mir: Sie wollen es! Irgendwie habe ich es jedoch vermasselt. Helfen Sie mir. Was habe ich falsch gemacht? Was brauchen Sie noch, um sich für uns zu entscheiden?"

Zugegeben, das ist eine mutige Vorgehensweise, aber sehr wirkungsvoll, wenn es zu Ihnen passt. Probieren Sie es aus, gleich ob es sich um ein „Nein" oder „Geben Sie mir Bedenkzeit" handelt, diese Strategie können Sie bei jedem der Hindernisse anwenden. Es gibt eine weitere Möglichkeit, wie Sie den „Neinsager" auf nette Art und Weise vielleicht doch wieder ins Verkaufsboot holen können – sagen Sie:

> „Das ist schade, wir hätten gerne mit Ihner zusammengearbeitet. Was müsste aus Ihrer Sicht geschehen, damit wir doch noch ins Geschäft kommen?"

Eventuell erhalten Sie so die Möglichkeit, einem verdeckten Einwand auf die Spur zu kommen und auf eine veränderte Situation zu reagieren, indem Sie den neu entdeckten Einwand behandeln.

Und wenn sich der Kunde „Bedenkzeit" ausbittet oder das Gespräch „überschlafen" will, sollten Sie versuchen, in einem guten Zustand zu bleiben, sich auf den Kunden einschwingen, lächeln und schließlich in der weichen Maluma-Stimmlage fragen: „Was ist morgen anders als heute, lieber Kunde?" Jetzt ist es ganz wichtig, dass Sie eine lange Pause machen. Sagen Sie nichts. Schauen Sie Ihren Kunden fragend an. Warten Sie auf seine Reaktion. Schon öfter habe ich Kunden dann sagen hören: „Sie haben Recht, morgen ist auch nichts anders, sich zu bedenken, bringt eigentlich wenig, wo soll ich unterschreiben?"

Wenn der Kunde dennoch Bedenkzeit braucht, sollten Sie auf keinen Fall weiteren Druck ausüben. Fallen Sie ihm nicht zur Last, werden Sie nicht lästig. Klar ist, dass Sie dies insbesondere im Umgang mit dem dominanten Kunden beachten müssen. Sie sollten es vermeiden, auf irgendeine Weise auf ihn so einzuwirken, dass er sich in seinen Freiheitsrechten beeinträchtigt fühlt.

Besser ist es, eine konkrete Abmachung, ein klares Commitment zu vereinbaren. Fragen Sie nach, wie genau es weitergeht. Wann wird die Entscheidung getroffen? Fragen Sie, ob Sie noch Unterlagen zur Verfügung stellen können und wann und wie Sie mit dem Kunden dessen Entscheidung besprechen können. Vereinbaren sie unbedingt einen Folgetermin.

Die Top 10: Wie Sie sicherlich KEINEN Abschluss erzielen

1. Bereiten Sie sich schlecht vor.
2. Erfahren Sie nicht die Werte und Motive des Kunden.
3. Präsentieren Sie langweilig und langwierig.
4. Versuchen Sie Ihren Kunden zu überreden.
5. Achten Sie nicht auf nonverbale Signale.
6. Sprechen Sie über Ihr Produkt oder Ihr Angebot – und nicht über den Kundennutzen.
7. Zeigen Sie keine Begeisterung.
8. Glauben Sie nicht an Ihren Erfolg.
9. Wirken Sie unsicher oder überheblich, beides funktioniert.
10 Fragen Sie nicht nach dem Auftrag.

Wenn Sie diese Top 10 missachten, kann es sein, dass Sie das Ja des Kunden erhalten. Dann haben Sie alles richtig gemacht. Jetzt kommt nur noch der Gesprächsabschluss – hier geht es um den „letzten Eindruck". Wir wissen mittlerweile, dass dieser genau so wichtig ist wie der „erste Eindruck".

Vergessen Sie nicht den entscheidenden letzten Eindruck

Hans-Georg Häusel beschreibt in seinem Buch „Brain View" einen interessanten psychologischen Versuch, der zeigt, wie das Gehirn rechnet. Versuchspersonen sollten ihre Hand ca. vier Minuten in sehr kaltes Wasser legen. Ein unangenehmes Erlebnis. Beim zweiten Versuch mussten die Probanden ihre Hand zunächst acht Minuten in eiskaltes Wasser halten. Danach durften sie die ausgekühlte Hand zwei Minuten lang in lauwarmes Wasser geben. Am Ende der beiden Versuche wurden sie gefragt, an welchem der beiden Versuche sie wieder teilnehmen würden. Das Ergebnis was eindeutig: Versuch Nummer 2 – das angenehme Endergebnis überlagerte die objektive „Quälzeit" im kalten Wasser, obwohl sie doppelt so lang war wie im ersten Versuch. Viele Folgeversuche bestätigten, dass solch ein Ergebnis auch in der anderen Richtung erreicht wird: Eine lange positive Erfahrung wird durch eine negative, aber kürzere Erfahrung am Ende eines Erlebnisprozesses quasi ausradiert und überschrieben. Im Gehirn bleibt ein negatives Gefühl zurück.

Bei einem guten Verkaufsgespräch hat der Kunde auch einen Erlebnisprozess durchlaufen. Das Gehirn hat die Gewohnheit, sich an die zuerst und zuletzt erlebten Ereignisse in einer Reihe von Ereignissen besonders gut zu erinnern. Das bedeutet: Was der Kunde zuerst und – das ist für unseren Zusammenhang besonders wichtig – als letztes(!) erlebt hat, bleibt am stärksten haften.

Die Konsequenz für Sie als Limbic®-Spitzenverkäufer: Es ist sehr wichtig, auch zum Ende des Kundengesprächs einen positiven Eindruck zu hinterlassen. Begeben Sie sich noch einmal auf die persönliche Ebene: Freuen Sie sich mit Ihrem Kunden über das Erreichte. Fragen Sie ihn, wie er das Gespräch empfunden hat. Stärken Sie nochmals die emotionale Beziehung zu ihm. Überlegen Sie sich kreative Möglichkeiten, einen positiven letzten Eindruck entstehen zu lassen – etwa mit Hilfe der folgenden Beispiele.

Verabschieden Sie sich aufmerksam

Viele Kleinigkeiten ergeben auch etwas Großes. Bedanken Sie sich für den Besuch. Bringen Sie den Kunden zur Tür, verabschieden Sie ihn mit Namen und einem herzlichen Handschlag. Bieten Sie ihm noch einen kleinen Snack oder eine Erfrischung für unterwegs an, lassen Sie ihn eventuell zum Bahnhof oder Flugplatz fahren. Entscheidend ist: Lassen Sie den Kunden Ihre Wertschätzung spüren. Das schafft Vertrauen und gibt Sicherheit.

Überreichen Sie ein kleines Geschenk

Geschenke erhalten die Freundschaft, heißt es. Wenn Sie die Geschenkübergabe richtig inszenieren, erzielen Sie eine besondere emotionale Wirkung. Als von INtem einmal ein Auftrag für eine Telefonmarketingaktion erteilt wurde, kam die Chefin nach der Auftragserteilung höchstpersönlich zum Gespräch dazu. Sie überreichte uns eine Flasche Champagner mit den folgenden Worten: „Wenn wir den ersten Kundentermin vereinbart haben, trinken Sie ein Gläschen auf unseren gemeinsamen Erfolg und auf weitere gute Zusammenarbeit." Weiter ging es damit, dass uns am Ausgang ihre Sekretärin erwartete, die jedem für den zweistündigen Heimweg eine kleine

Verpflegungstüte mit Schokolade, einem Apfel, Erdnüssen und einem Getränk überreichte. Zu Hause angekommen, lag am nächsten Tag bereits per Mail eine aussagekräftige Liste der geplanten Aktivitäten bei uns im Büro vor. Das erzeugte in uns einen hohen Grad an Sicherheit und ein gutes Gefühl, die richtige Entscheidung getroffen zu haben.

Gestalten Sie die Produktübergabe wertvoll

Ein Seminarteilnehmer erzählte die folgende Geschichte, die er erlebte, als er sich einen Mittelklassewagen gekauft hatte und ihn gemeinsam mit seiner Frau beim Händler abholte:

„In der Übergabehalle des Händlers stand ein abgedecktes Auto. Davor ein Schild mit meinem Namen. Der Händler entfernte die Abdeckung. Auf der Windschutzscheibe war zu lesen: ‚Allzeit gute Fahrt'. Das Auto war vollgetankt. Als ich einstieg, fand ich ein Tuch auf dem Armaturenbrett mit der Aufschrift: ‚Jederzeit gute Sicht'. Auf dem Beifahrersitz lagen zwei Piccolo-Sektflaschen. Und meine Frau bekam noch ein paar Blumen geschenkt. Der Verkäufer erklärte nun die Funktionen des Wagens und übergab mir anschließend seine Visitenkarte. Als direkter Ansprechpartner mit Geschäfts- und Handynummer stellte er sich als mein Betreuer vor. Unter seinem freundlichen Winken fuhren meine Frau und ich als stolze Wagenbesitzer vom Hof."

Sie können mir glauben: Die Begeisterung über dieses Erlebnis war dem Seminarteilnehmer beim Erzählen noch deutlich anzusehen.

Übung 24: Letzte gute Eindrücke hinterlassen

- Prüfen Sie – bezogen auf die verschiedenen Emotionssysteme Ihrer Kunden: Welchen positiven „letzten Eindruck" können Sie be ihnen hinterlassen? Welche Alternativen können Sie nutzen, um Kundenbegeisterung auszulösen?
- Welchen emotionalen Mehrwert können Sie zum Gesprächsabschluss für Ihre Kunden herbeiführen?
- Sammeln Sie mit Kollegen und Mitarbeitern möglichst viele Ideen und setzen Sie die besten davon um.

Fazit

- Richten Sie alle Phasen des Kundengesprächs „limbisch" aus, indem Sie konsequent und zielorientiert die jeweiligen bevorzugten Emotionssysteme des Kunden berücksichtigen.
- So gelingt es, sich mit dem Kunden emotional auf einer Wellenlänge einzuschwingen und Vertrauen aufzubauen.
- Indem Sie einen für den Kunden interessanten Gesprächseinstieg wählen, das Gespräch mit Limbic® Sales-Fragen steuern und ihn auch sprachlich da abholen, wo er steht, verhelfen Sie ihm zu einer Kaufentscheidung, die ihn glücklich macht.
- Auch in kritischen Gesprächsphasen – etwa bei Einwänden des Kunden – orientieren Sie sich am besten am jeweiligen Emotionssystem des Kunden.

Zusammenfassung des Limbic® Sales-Verkaufsprozesses

Jetzt sind wir am Ende unseres emotionalen Verkaufsprozesses angelangt. Freuen Sie sich über Ihren Erfolg und begeistern Sie sich für Ihre weiteren Verkaufsgespräche. Pflegen Sie Ihre Kundendatei und halten Sie Ihre Zusagen ein. Prüfen Sie sich selbst. In welchen Phasen waren sie „topp" und wo habe Sie einen „Flop" gelandet? Auch das ist nicht schlimm. „Nobody is perfect."

Reflektieren Sie jedes Kundengespräch. Notieren Sie, was Ihnen gut gelungen ist und was sie hätten besser machen können. Überlegen Sie, wie Sie diese Erkenntnisse für Ihr nächstes Gespräch nutzen. Erfolg hat der, der einmal mehr aufsteht als er hinfällt. Genießen Sie aber auch Ihre Erfolge und notieren Sie diese in Ihrem Erfolgstagebuch. So können Sie sich jederzeit, wann immer Sie möchten, emotional motivieren.

Lassen Sie uns die wichtigsten Punkte eines Spitzenverkaufsgesprächs zusammenfassen. Bedenken Sie, es gibt nicht *den* „Kaufknopf" beim Kunden. Es sind die vielen Kleinigkeiten, die es in ihrer Gesamtheit anzuwenden gilt. Und deshalb ist die Kunst nicht, *etwas* davon umzusetzen, sondern den gesamten Verkaufs-/Einkaufsprozess zu emotionalisieren – von der Vorbereitung bis zum Service auf die wichtigen Punkte zu achten. Nutzen Sie die Aktivitäten und Strategien, um Ihr Verkaufsgespräch in jeder Phase „limbisch" und damit kundentypengerecht zu gestalten.

Phase	Stufen	Strategien und Aktivitäten
Zustands-management	Sich mental gut vorbereiten	• Unterbewusstsein emotional positiv einstimmen • Auf das Gespräch freuen • Ziel klar definieren • Zielbandbreite festlegen • Identifikation aufbauen • Verkaufserfolg visualisieren • Probleme als Chancen sehen • „Warum freue ich mich heute" • Kraftvollen Zustand speichern
Vorbereitungs-phase	Das Gespräch vorbereiten	• Verkaufsunterlagen „limbisch" gestalten • Schaustücke mitnehmen • Beweise vorbereiten • Metaphern und Analogien ausdenken • Fotos, Testimonials, Auszeichnung und Zertifikate mitnehmen • Kleines Präsent einpacken
Eröffnungs-phase	Vertrauensvolle Beziehungen aufbauen	• Platin-Regel beachten • Emotionale Begrüßung • Lächeln • Mit Namen ansprechen • Lob und Anerkennung geben • „Schwingen" – Rapport aufbauen • „Maluma"-Sprache wählen • Emotionssystem des Kunden herausfinden • Nonverbales Verhalten wahrnehmen • Gemeinsamkeiten feststellen
Interessen-phase	Interessante Perspektiven schaffen	• Neuigkeiten bringen • Etwas demonstrieren • Interessensfrage stellen

Phase	Stufen	Strategien und Aktivitäten
		• Storytelling • Haptischen Einstieg suchen • Originelles Präsent zum Einstieg

Fragephase	Die Kunden-welt betreten	• Erst fragen dann präsentieren
		• Fragestrategie:
		  - Zielfragen
		  - Verständnisfragen
		  - Werte-Fragen
		• „Weg-von"-Motivation erfragen
		• Ausreden lassen, zuhören, Rapport halten
		• Nonverbale Reaktionen beobachten
		• Werte mitnotieren und den Emotionssystemen zuordnen

Angebotsphase	Ziel-/Kaufzu-stand aufbauen	• Motive und Werte in Ihrer Präsentation wiederholen • Im Emotionssystem des Kunden präsentieren • Belohnungszentrum aktivieren • Nutzen „typgerecht" aufzeigen • Nutzen emotionalisieren • Nutzenmatrix auf Kundenwerte abstimmen • Beweise einsetzen • Verstärkerde Adjektive nutzen • Sachaussagen mit Emotionen verbinden • Kraft der Stimme nutzen • Kongruent bleiben • Den Preis „typgerecht" präsentieren • Sandwich-Methode anwenden • Alternative Preisgestaltung • 3-Punkt-Kommunikation wählen

Phase	Stufen	Strategien und Aktivitäten
Argumenta-tionsphase	Einwände in Werte und Nutzen um-wandeln	• Einwände sind noch offene Fragen oder unerfüllte Werte • Würdigung des Einwands • Die Werte hinter den Einwänden erfragen • „Typgerecht" argumentieren • Vergleich bei „zu" auflösen
Abschlussphase	Zusagesicher-heit aufbauen	• Kaufsignale erkennen • Kaufbereitschaft verstärken • Testabschlussfrage stellen • „Nein" als Chance nutzen • „Typengerechte" Abschlussfrage stellen • Entscheidung bestätigen • Kleines Geschenk übergeben • Positiven letzten Eindruck hinterlassen
Nachberei-tungsphase	Verkaufs-prozess analysieren	• Kundendatei anlegen bzw. ergänzen • Gespräch nachanalysieren • Verbesserungspotenzial notieren • Stärken im Erfolgstagebuch eintragen • Versprochenes einhalten! • Serviceprozess prüfen • Wiedervorlage anlegen.

Vielleicht gelingt es Ihnen jetzt noch besser, Ihre Kundenkontakte zu optimieren, indem Sie sich noch mehr in Ihre Kunden hineinversetzen können. Und dann hätten Sie mit ganz modernen, „limbischen" Methoden das erreicht, was Spitzenverkäufer immer schon angestrebt haben – wie die „Verkaufspsychologie" in Abbildung 18 zeigt.

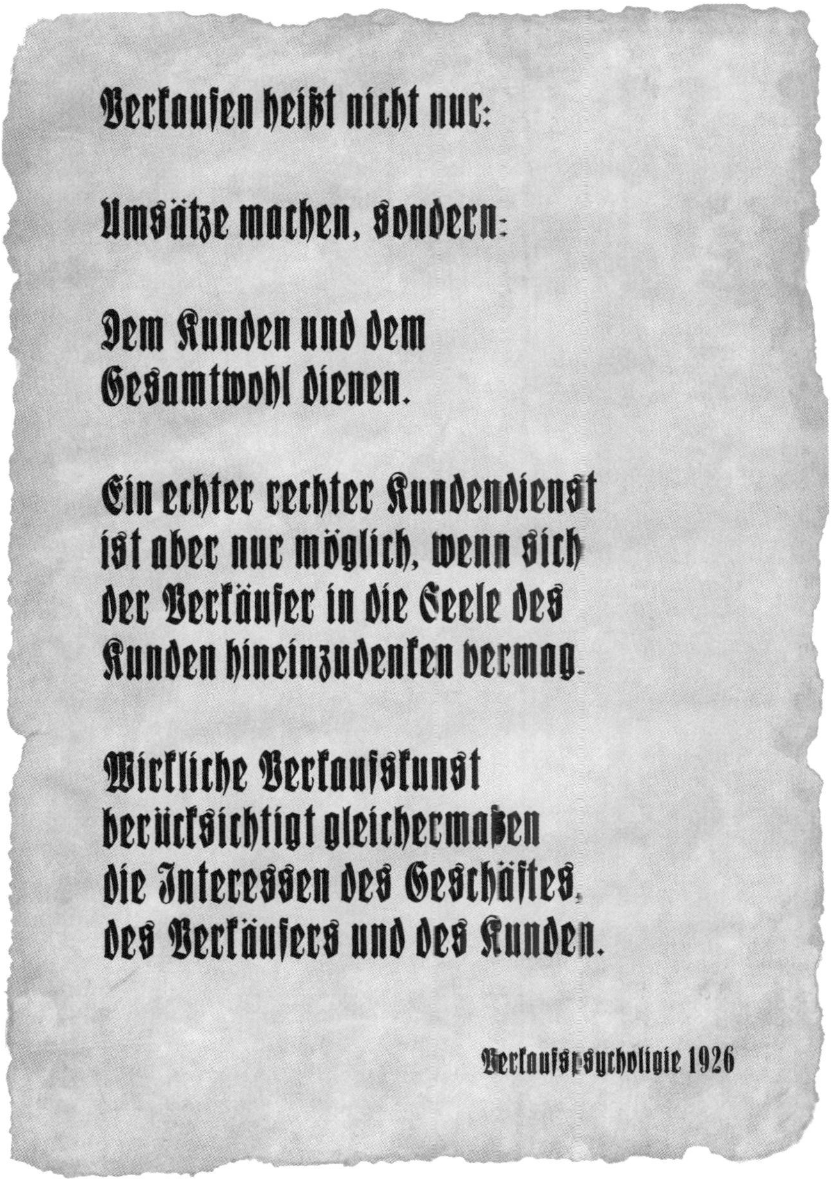

Verkaufen heißt nicht nur:

Umsätze machen, sondern:

Dem Kunden und dem
Gesamtwohl dienen.

Ein echter rechter Kundendienst
ist aber nur möglich, wenn sich
der Verkäufer in die Seele des
Kunden hineinzudenken vermag.

Wirkliche Verkaufskunst
berücksichtigt gleichermaßen
die Interessen des Geschäftes,
des Verkäufers und des Kunden.

Verkaufspsychologie 1926

Abb. 18: Verkaufspsychologie aus dem Jahre 1926.

Ihr persönliches Umsetzungsprogramm

„Nicht das, was wir beginnen, zählt, sondern das, was wir fertig bringen."
Emil Oesch

Sie sind nun am Ende dieses Buches angelangt und ich möchte mit einer Geschichte abschließen:

Ying und Yang waren zwei junge, pfiffige Burschen, die nur Spaß in ihren Köpfen hatten. Im selben Dorf wie sie lebte ein weiser Mann, von dem man sagte, dass er alles wisse und sich nie irre. Und so überlegten sie, wie sie den alten, weisen Mann überlisten könnten. Ying sagte zu Yang: „Du hör zu, ich habe eine Idee. Wir nehmen eine Taube, halten sie hinter den Rücken und fragen ihn: ,Lebt diese Taube oder ist sie tot?' Wenn der weise Mann nun sagt, sie sei tot, dann holen wir sie hervor und lassen sie fliegen. Wenn er aber sagt, sie lebe, dann drücken wir ihr die Luft ab und zeigen ihm, dass die Taube tot ist. Gleich, was er uns sagen wird, die Antwort ist falsch."

Yang war begeistert und beide setzten ihren Plan in die Tat um. Sie stellten dem weisen Mann die Frage: „Du, weiser Mann, wir haben hier eine Taube hinter dem Rücken. Sag uns, ob sie tot ist oder ob sie lebt." Der weise Mann überlegte lange und sagte schließlich zu den beiden Jungen: „Ob diese Taube tot ist oder lebt, liegt ausschließlich in eurer Hand."

Ob das Gelesene tot ist oder lebt, liegt nun ausschließlich in Ihrer Hand. Es ist Ihre Entscheidung.

Gedanken sind Äste, Worte sind Blätter, Taten sind Früchte. Ernten Sie die Früchte Ihrer Arbeit. Beginnen Sie jetzt. Als Limbic® Sales-Anwender wissen Sie, dass alle guten Vorsätze mit Aufträgen zu vergleichen sind, auf denen die Unterschrift des Kunden fehlt. Seien Sie aktiv und übernehmen Sie die Führung. Nutzen Sie alles, was Sie hier gelesen haben, für sich selbst, aber auch für andere. Tun Sie dies für Ihre Kunden.

Schritt für Schritt zum Spitzenverkäufer

„Erfahrung ist das einzige Wissen, das man nicht erlernen, sondern nur erleben kann."

Verfasser unbekannt

Wissen allein reicht eben nicht aus, man muss es auch anwenden. Sich selbst soweit zu bringen, alles Notwendige zu unternehmen, um besondere Leistungen zu erzielen, ist einer der wichtigsten Erfolgsgrundsätze, den ich kenne. Wenn Sie nun dieses Buch gelesen haben und zu sich sagen: „Ein prima Buch mit guten Ideen!", dann ist es schade. Dann profitieren Sie nicht allzu viel davon. Sie hätten das Geld für dieses Buch auch besser anlegen können. Doch vielleicht haben Sie zu viel auf einmal gelesen, und womöglich hat Sie manches verwirrt. Oder Sie fragen sich, ob das wirklich so funktioniert, wie es hier beschrieben ist. Eventuell wissen Sie bei so vielen Ideen auch nicht genau, wo Sie beginnen sollen. Verständlich – aber dennoch: Es ist Ihre Entscheidung, was Sie damit anfangen! Sie haben die Wahl. Es liegt an Ihnen, welche der nun folgenden Möglichkeiten Sie für sich auswählen:

1. Sie setzen nichts um und stellen das Buch als „gelesen" zu Ihren anderen Büchern. Schade, dann haben Sie Ihre Zeit verschwendet.
2. Sie können zu sich sagen: „Viele gute Gedanken. Sie gefallen mir, das will ich alles ausprobieren, bis ich es kann!" Dies ist die sicherste Möglichkeit, dass nichts geschieht.
3. Sie können auch Ihren Kollegen, Mitarbeitern und anderen diese Tipps und Anregungen weiterempfehlen, damit diese sich ändern. Sicher kennen Sie einige, die es nötig hätten. – Doch auch das wird nur von mäßigem Erfolg gekrönt sein, solange Sie es ihnen nicht selbst vorleben.
4. Oder Sie entscheiden sich, all das Gelesene nicht auf einmal, sondern wie beschrieben, also Stück für Stück umzusetzen und zu erleben. Um dies zu erreichen, nehmen Sie sich jeden Tag oder jede Woche nur ein Thema oder eine Aufgabe vor. Konzentrieren Sie sich jeweils auf nur einen Punkt, bis Sie das Gewünschte erfolgreich in Ihr Verhalten übernommen haben. So sind Sie in wenigen Wochen weiter als mancher Mensch in einem Jahr. Arbeiten Sie sich so Schritt für Schritt durch das Buch zu Ihrem Erfolg vor. Bernhard Langer, der bekannte Golf-Profi, schlug einmal einen Ball in die

Baumkrone. Er stieg auf den Baum und es gelang ihm tatsächlich diesen Ball wieder aufs Grün zu schlagen und einzuputten. Im anschließenden Interview meinte ein Reporter: „Da haben Sie aber viel Glück gehabt in der Situation." Bernhard Langer antwortete: „Ja, das ist mir auch aufgefallen, je mehr ich übe, desto mehr Glück habe ich." Machen Sie es wie Bernhard Langer. Üben Sie regelmäßig, damit auch Sie viel Glück haben.

Entscheiden Sie sich jetzt dafür, zu handeln. Legen Sie jetzt die Reihenfolge Ihres kommenden **3-Monats-Programms** fest. Erleben Sie dann zwölf Wochen lang die Kraft der Umsetzung. Beginnen Sie gleich. Sie werden feststellen, dass bereits nach zwei oder drei Wochen Ihre Freunde, Kollegen, Mitarbeiter und Kunden die positive Veränderung bei Ihnen bemerken werden.

Aktivieren Sie all Ihre Potenziale. Setzen Sie Ihre ganze Kraft dafür ein. Ich kenne Leute, die äußerst sparsam mit ihrer Energie umgehen, damit sie länger reicht. Ich sehe das anders. Wenn Sie viel geben, erhalten Sie auch viel zurück. Positives Feedback, Erfolg und Zufriedenheit werden der nötige Strom zum Laden Ihrer Batterie sein. Also, setzen Sie all Ihre Energie, die Sie haben, dafür ein, das zu erreichen, was Sie wollen, damit Ihr Energie-Akku immer voll geladen ist. Leben Sie jeden Tag, als wäre es der wichtigste in Ihrem Leben. Lernen Sie die Welt mit anderen Augen zu betrachten: Aus Sicht des emotionalen Gehirns. Ich wünsche Ihnen dabei viel Erfolg.

Übrigens: Wenn Sie möchten, mailen Sie mir Ihre Erlebisse. Ich freue mich auch auf ein Feedback von Ihnen oder Ihre Fragen und Anregungen. Senden Sie die Mail einfach an h.sessler@intem.de. Sie erhalten bestimmt Antwort – versprochen! Auch wenn es manchmal etwas dauern kann.

Zum Abschied noch einer meiner Leitsprüche, verbunden mit dem Wunsch, dass er auch zu einem Ihrer Erfolgsleitsprüche werden möge:

„Es ist nicht genug, zu wissen,
man muss es auch anwenden;
es ist nicht genug, zu wollen,
man muss es auch tun."

J. W. von Goethe

Literaturverzeichnis und Literaturempfehlungen

Bauer, J. (2006):	Warum fühle ich, was du fühlst: Intuitive Kommunikation und das Geheimnis der Spiegelneurone (Heyne)
Bettger, F. (1997):	Lebe begeistert und gewinne (Oesch)
Elger, C. E. (2009):	Neuroleadership. Erkenntnisse der Hirnforschung für die Führung von Mitarbeitern (Haufe)
Fuchs, W. T. (2009):	Warum das Gehirn Geschichten liebt. Mit den Erkenntnissen der Neurowissenschaften zum zielgruppenorientieren Marketing (Haufe)
Geo Wissen Nr. 45 (2010):	Entscheidung und Intuition. Was will ich?
Goleman, D. (1998):	EQ²: Der Erfolgsquotient (Carl Hauser)
Häusel, H.-G. (2009):	Emotional Boosting. Die hohe Kunst der Kaufverführung (Haufe)
Häusel, H.-G. (2008):	Brain View – Warum Kunden kaufen (Haufe)
Häusel, H.-G. (Hrsg.) (2007):	Neuromarketing. Erkenntnisse der Gehirnforschung für Markenführung, Werbung und Verkauf (Haufe)
Häusel, H.-G. (2007):	Think Limbic! Die Macht des Unbewussten verstehen und nutzen für Motivation, Marketing, Management (Haufe)
Häusel, H.-G. (2004):	Limbic Success! So beherrschen Sie die unbewussten Regeln des Erfolgs – die besten Strategien für Sieger (Haufe)
Havener, T., Spitzbart, M. (2010):	Denken Sie nicht an einen blauen Elefanten. Die Macht der Gedanken (Rowohlt)
Kutscher, P.; Seßler, H. (2007):	Kommunikation – Erfolgfaktor in der Medizin, Teamführung, Patientengespräch, Networking und Selbstmanagement (Springer)
Possehl, G.; Meyer-Grashorn, A. (2008):	Trust yourself!: Wie Sie Ihre Intuition für Entscheidungen nutzen (Haufe)
Robbins, A. (1992):	Grenzenlose Energie. Das Power Prinzip (Rentrop/Heyne)

Roth, G. (2007):	Fühlen, Denken, Handeln: Wie das Gehirn unser Verhalten steuert (Suhrkamp)
Roth, G. (2008):	Persönlichkeit, Entscheidung und Verhalten: Warum es so schwierig ist, sich und andere zu ändern (Klett-Cotta)
Scheier, C.; Held, D. (2010):	Wie Werbung wirkt. Erkenntnisse des Neuromarketing (Haufe)
Scheier, C.; Held, D. (2007):	Was Marken erfolgreich macht. Neuropsychologie in der Markführung (Haufe)
Schwarz, F. (2010):	Verstehen Sie Ihren Verstand? Gehirnforschung für den Alltag (Haufe)
Seßler, H.; IN *tem* Team (2010):	Quickies – Ekstase im Vertrieb. 99½ Tipps für schnellen Verkaufserfolg (IN *tem* Media)
Seßler, H. (2009):	Der Beziehungsmanager. So erreichen Sie im Verkauf, was immer Sie wollen (IN *tem* Media)
Seßler, H. (Hrsg.) (2009):	Messbar mehr Verkaufserfolg. Praktische Umsetzungstipps von 52 Verkaufsexperten (IN *tem* Media)
Seßler, H.; Kling, M. (2010):	Als Führungskraft erfolgreich coachen. Wie Sie sich selbst und Ihre Mitarbeiter zu Spitzenleistungen führen (IN *tem* Media)
Seßler, H.; Kling, M.; Hagmaier; A. (2009):	Mein Tag ist heute. Zitate und Weisheiten für Menschen, die noch erfolgreicher werden wollen (IN *tem* Media)
Watzlawick, P. (1983):	Anleitung zum Unglücklichsein (Piper)

Stichwortverzeichnis

Über den Autor

Helmut Seßler, seit mehr als 20 Jahren erfolgreich als Verkaufstrainer und Verkaufstrainer-Ausbilder tätig, hat eine Vision: Er möchte Menschen helfen, ihren Traumberuf engagiert zu leben. Darum unterstützt er Verkäufer und Vertriebsleiter, sich mit ihren Kunden auf einer Wellenlänge einzuschwingen. Darum hilft er Trainern, nachweisbar erfolgreiche und nachhaltige Weiterbildungsmaßnahmen durchzuführen. Wichtig ist für ihn immer: „Die Menschen müssen für das brennen, was sie tun. Wer von dem, was er tut, begeistert ist, kann auch andere Menschen begeistern."

Der Bankkaufmann und Betriebswirt ist der Gründer und geschäftsführende Gesellschafter der INtem Gruppe mit Sitz in Mannheim. Für seine umsetzungsorientierten Konzepte wurden Helmut Seßler und sein INtem-Team sowie die INtem-Trainingspartner mit zahlreichen Preisen geehrt, zum Beispiel mit mehreren internationalen deutschen Trainingspreisen in Gold, Silber und Bronze sowie dem Weiterbildungsinnovationspreis des Bundesinstituts für Berufsbildung (BiBB). Helmut Seßler arbeitet mit mehr als 90 zertifizierten INtem-Verkaufs-, Führungs- und Coaching-Experten aus unterschiedlichen Branchen zusammen.

Die INtem Trainergruppe Seßler & Partner GmbH bietet in Kooperation mit dem Neuromarketing-Experten Dr. Hans-Georg Häusel das INtem Limbic® Sales-Training an. Das Training wurde von INtem auf den Grundlagen der psychologischen und neurobiologischen Forschungen von Häusel entwickelt. Zudem bildet Helmut Seßler Verkaufstrainer zu Limbic® Sales-Trainern weiter.

Kontakt

Helmut Seßler, IN*tem* Trainergruppe
Mallaustr. 69-73
68219 Mannheim
Tel.: 0621/43876-0
Fax: 0621/43876-10
E-Mail: h.sessler@intem.de
Internet: www.intem.de